JN071470

売り場は明日をささやく

大変革期を生き抜くファッションＭＤの実学

Original blog anthology for fashion business

太田 伸之

Nobuyuki Ota

序　大変化の只中で

１９７７年に大学を卒業してすぐに渡米してから、様々な立場でファッションビジネスの世界と関わってきました。

最初はフリーランスのジャーナリスト。ニューヨークコレクションや米国デザイナー、小売業を取材し、特約通信員契約をしていた繊研新聞をはじめ多くのメディアを通じて日本に伝えました。米国紳士服デザイナーの合同展の顧問、紳士スポーツウェアバイヤー協会の対日マーケティングディレクター、バーニーズニューヨークの依頼で東京のデザイナーブランドの導入も手伝い、米国と日本の橋渡し役として活動しました。

85年春に帰国し、東京コレクションを自主開催する東京ファッションデザイナー協議会（ＣＦＤ）の設立に関わり、その後10年間にわたり事務局長、議長として運営を任されました。ニューヨーク時代にパーソンズ・スクール・オブ・デザイン（デザインの総合大学）のバイヤー養成講座で受けた実践教育を日本に導入しようと私塾「月曜会」を開講して指導に当たる一方、産業界や役所と掛け合って産官協働のＩＦＩビジネス・スクール（ファッション産業人材育成機構）の設立にも奔走しました。

ＣＦＤの議長を文化出版局の久田尚子さんにバトンタッチしてからも、東京コレクションはさらに10年間、自主開催されました。その後、より発信力の強化を目指して経済産業省が東京コレクションの支援を決定。２００５年、経済産業省、日本貿易振興機構、東京都とファッション流通業界がバックアップする日本ファッション・ウイーク推進機構（ＪＦＷ）が設立され、東京コレクションの新たな主催者になりました。現ＪＦＷ理事長の三宅正彦さんに頼まれ、新体制になった翌年から私は再度、理事の一人として東京コレクションのお手伝いをしています。

ＣＦＤの運営に携わった後は百貨店、アパレル企業、そして再び百貨店に戻り、売り場の改革やマーチャンダイジングを指導しました。年に何回も欧米の主要都市の市場を回り、特に変化の激しいニューヨークは年に5回も足を運んだこともあります。

そうした活動の渦中にあった06年春に書き始めたのが、「売り場に学ぼう」というブログです。ビジネススクールや専門学校で指導した教え子数千人に向けた〝補習〟のつもりで、業界の出来事やイベントに対する個人的意見、売り場を歩いて気がついたことやマーチャンダイジングの要点を綴ってきました。教え子たちからよく仕事の悩みや進路相談のメールをもらうので、「これを読んで自分で考えろ」と通信教育のテキストを書く気分で続けてきました。

ブログを重ねるうち口コミで広まったのか、教え子や部下たちだけでなく、大企業の幹部やマスコミ関係者にまで読まれるようになったのです。個人的に発信したことがそれなりに大きな反響を得るようになり、ブログを読んだ経営者たちから直接電話やメールを頂戴するようにもなりました。

状況が大きく変わったのは13年秋のことでした。官民投資ファンドの社長に指名され、自由気ままに発言できない立場になったのです。過去に書いた文章を全て削除し、公的立場から解放されるまでブログは中断しました。

官民組織の社長を退任し、再び一民間人としてファッションビジネスの世界に戻ってきたのは18年7月初めのこと。中断していたブログを再開し、以前のように国内外の売り場を歩いて気になったこと、ファッション流通業界のニュースや各国コレクションに対する個人的見解、マーチャンダイジングの基本や人材育成の重要性などを書いています。

ファッションビジネスから5年間離れていたら、業界は大きく変化していました。わが世の春だった大手製造小売業やファストファッションでさえも経営が苦しくなり、トップブランドのいくつかは市場で存在感がなくなる、もしくは消滅していました。消費の主役はリアル店舗からオンラインに移行し、使い捨て消費の反動からファッション界もサステイナビリティーを軽視できなくなり、市場を牽引するブランドの顔ぶれも変わりました。海外出張をするたびに〝激変市場〟を目の当たりにし、ブログのピッチは自然と上がりました。

パーソンズ校のバイヤー養成講座で売り場の見方を訓練されて以来、売り場を歩くのは私の仕事であり、趣味でもあります。売り場で素晴らしいヒントを得ることもあれば、反面教師に失望することもあります。名立たる百貨店やセレクトショップ、知名度の高いブランドの直営店や大手製造小売業のメガストアも、売り場が定数定量オーバーで乱れ、商品に魅力がなく、買い物客の姿がないと、自分なりに問題の解決策を考えます。しかし、その後にほとんどの店は閉鎖、あるいは会社そのものが消滅してしまうのです。世界中どこの国でも、売り場はそれぞれのブランドの経営方針を映すものであり、ごまかしが利きません。売り場は生きた教科書なのです。

ファッションビジネスに復帰して2年の間に行った欧米やアジア各国、日本国内の売り場視察で疑問に感じた店は、やはりほとんどが閉店か倒産になりました。これからもたくさんの破綻が続くと予測しています。今年の初めに突如起こった新型コロナウイルスの感染拡大によって市民生活は大きく制限され、各国でファッション流通業の倒産が増えました。しかしその多くは、コロナ禍がなくても同じ結末ではなかったかと思います。

リーマンショックの直後から「服が売れない」と盛んに言われるようになりました。海外の主要百貨店でも、化粧品や高級婦人靴の売り場は開店時間から買い物客で賑わっているのに、パリコレ、ミラノコレの人気上位ブランドを集積したファッションフロアだけは閑古鳥状態が続いています。ラグジュアリーブランドのみならず、製造小売業やファストファッションの大型店もガラガラ、シーズン前半から値引き告知をデカデカと店舗の入り口に掲げる店が増えました。

日本でもシーズン最盛期なのに大規模なファミリーセールを実施する企業が増え、アウトレットモールへの出店は加速し、プロパー（正価）消化率はどんどん低下。どの企業も在庫が大量に膨れ上がり、廃棄処分の量は半端ないレベルに達し、地球環境に悪影響を及ぼしています。長年のコスト削減策と値引き販売によって消費者の価格に対する不信感が強くなり、ファッションを楽しむ熱は明らかに冷め、新しいシーズンが来ても以前のように新作を買ってもらえなくなりました。

ファッション流通業界が抱える様々な問題をどう解決するのか、明日のファッションビジネス像をどう描くのか。再開したブログを整理し始めた直後に新型コロナウイルスが急襲し、毎週、国内外の有名企業の破綻ニュースが飛び込んできます。東京コレクションや素材見本市などのイベントは中止に、海外でもコレクションの開催は難しくなり、ファッションの世界は正常に機能しなくなりました。大型商業施設や小売な小売店、飲食店は長期休業を余儀なくされ、これから倒産や失業が著しく増え、１９２９年の世界大恐慌のような未曾有の不景気に直面するかもしれません。

感染への恐怖から生活価値観は大きく変化し、消費者はしばらく無駄な買い物をしなくなり、安全、安心、健康への関心が一層高くなります。ウーバーイーツや宅配フード、オンラインショッピングが急伸し、消費行動の変容が進むことは明らかです。ファッション消費についても、リアル店舗が臨時休業にある一方、オンラインショップは営業を続けていたことから、服をＥＣで買うという経験をした消費者が増えました。またリモートワークの経験により、店頭スタッフとスマホやパソコンでつながるリモートショッピングへの興味も広がることでしょう。

企業はビジネスのあり方を根本的に考え直し、コロナショック後に備えなくてはなりません。ネットで受注し、店頭あるいはショールームで手渡しする仕組みは不可欠です。また、ショップで接客はするけれど、あえて在庫はその場に持たず、商品は本社の倉庫からお客様の手もとに届ける、つまり他人が試着していないことを明らかにするという売り方もあります。かと思えば、他人との接触を自粛したことで、かえって社会との連帯を意識する人が増えることも想定されます。くつろげるクローズドな空間で特別なコトやトキを体験できるサービスの提供も求められるでしょう。

ものづくりの現場では、新型コロナの感染拡大で中国生産が一時的に混乱しました。海外生産にカントリーリスクはつきものと改めて実感した企業は少なくありません。アパレル企業が素材の国内調達や国内生産に舵を切ると流れは変わります。従来のコスト削減策から、もっと価値ある商品を作ることにシフトしないと、コロナ後の市場で通用するとは思えません。世界のトップブランドが認めるメイド・イン・ジャパンが少しでも増え、ものづくりの火を消さない動きが全国各地で起きることを期待します。

ここ数年の間、ずっと右肩上がりに増え続けた訪日観光客は姿を消し、どの国も出入国規制が厳しくなった中で、再びインバウンド消費が戻ってくるには相当な年月が必要と予測されます。しばらくインバウンド消費が望めないならアウトバウンド、越境ECも含め、こちらから海外に売る方法を考えるべきです。国内市場は人口減少で確実に規模が縮小します。打開するためには、どう考えても広大な海外市場を攻めるしかありません。

新型コロナ禍がどうにか収束しても、私たちは従来とは違うビジネス戦略を立てなければなりません。そうした考察を含め、直近2年間のブログを整理・加筆してまとめました。コロナショック後の業務革新、新たなビジネス戦略のヒントになればと願っています。

Contents

第3章 デザイナーとブランド

第4章 価値あるものを作る

第5章 世界に売り込む

第6章 人を育てる喜び

NORDSTROM
NORDSTROM

第1章

売り場は生きている

かつて日本の小売業が学んだ欧米の百貨店や専門店。マーチャンダイジングやマーケティングのお手本としたその老舗やトップ企業が今、相次いで危機に瀕している。現場で目撃した事実からその理由を指摘し、売り場の持続可能性を解き明かす。

五感を使ってアンテナを磨け

巨大企業がなぜこの形

August 13th,2018

オランダはマリファナ吸引が合法ということもあって、たくさんの外国人が訪れます。世界的に有名なミュージアムがアムステルダム以外にもあり、レンブラント、フェルメール、ゴッホの絵画や現代美術を目当てに訪れる観光客が多く、交易で発展してきた国ゆえにビジネス客も少なくありません。

アムステルダムを歩いて意外に多いと感じるのはイスラム圏からの観光客です。ヒジャブを被(かぶ)った女性たちを頻繁に目撃します。かつてバタヴィア（ジャカルタ）を本拠地としたオランダ東インド会社が香辛料貿易で活躍し、オランダがインドネシアを統治していた関係もあるのでしょう。

アムステルダムの中心地、ダム広場には1870年創業のバイエンコルフ百貨店があります。創業は日本の松屋とほぼ同じ、もうじき150周年を迎えます。1階はサンローラン、グッチ、プラダ、ルイ・ヴィトン、エルメスなどラグジュアリー系雑貨ショップがズラリ、3階の婦人服フロアにはセリーヌ、ドリスヴァンノッテン、ステラマッカートニーにまじってサカイも展開されています。

この館で最も魅力的なのは5階「食」のフロアです。フレッシュジュース、

バイエンコルフ
1870年にオランダのアムステルダムで創業した高級百貨店。米国大手投資ファンドの手に渡ったこともあったが、現在は英国セルフリッジ百貨店と同じ系列に。

アムステルダムのバイエンコルフ百貨店

寿司、イタリアン、アジアンフードなどのフードコート、オリーブオイルやヴィネガー、各種瓶詰めソース類など食料品が並んでいます。自家栽培で使用しているかどうかはわかりませんが、壁面にはハイテク薬物野菜栽培ガラスケースも。大企業の社員食堂のように、お客様は注文した料理やドリンクをトレイに載せて集合レジで会計を済ませ、好きなテーブルに座って飲食します。フロアの隅には美容サロンがあり、ここは富裕層らしき地元マダムたちの出入りが目立ちます。

館の正面上には〝DE BIJENKORF〟のサイン。かつて米国投資ファンドが経営権を取得していた時期は社員の士気が低下したとも言われていますが、現在はロンドンのセルフリッジと同じ資本の傘下と聞くと、どこかセルフリッジと同じにおいだなあ、と。一言で

バイエンコルフ「食」のフロア

セルフリッジ
1909年、ロンドンに創業。2003年にカナダ資本のウェストン一族に渡り、本店のファッション化、ラグジュアリー化路線が一気に進んだ。

表すならオシャレな空気が漂う都会の百貨店です。

このバイエンコルフにケンカを売るように近くに店を出したのが、北米の巨大資本ハドソンズベイ。ニューヨーク五番街に本店を置くサックスフィフスアベニューの買収で日本でも有名になったカナダに本拠のある大手企業です。ダム広場から徒歩1、2分の至近距離に4館体制で営業していますが、4館とも全て閑古鳥なんてものではなく、完璧に従業員しか目に入らない。従業員は接客チャンスもないのでスマホいじりか仲間内のおしゃべりに興じ、とても対面サービスの百貨店とは思えません。

しかも、こちらはバイエンコルフとは違って、ラグジュアリーブランドは雑貨もファッションも全く扱っていません。大衆路線が悪いわけではないのですが、商品そのものにも陳列方法にも魅力がない。とにかくガラガラを通り越して、いつ閉店に追い込まれるか、そんな状態なのです。

ところで、ハドソンズベイは北米大陸の全ジャンルで最も歴史のある企業であることをご存知でしょうか。ネット検索するとその

サックスフィフスアベニュー
1867年にニューヨークで創業した高級百貨店。2013年、カナダのハドソンズベイに買収された。化粧品や香水の新ブランド発売は五番街本店からがコスメ業界では定着している。ラグジュアリー婦人靴の大きな売り場を最初に設置し、靴業界にインパクトを与えた。

歴史にびっくり。設立は1670年、つまりアメリカ合衆国建国の100年以上前なのです。イングランドの国策会社としてビーバーなどの毛皮を主に扱う会社として発足し、今も最高経営責任者には〝総督〟の称号が付くようです。ウィキペディアから引用します。

> 設立当時、イングランド王チャールズ2世の勅許状に記された正式名称は『ハドソン湾に於いて通商に従事するイングランドの総督ならびに冒険家の一団』。同湾に流れ込む全ての河川の流域での毛皮独占取引権を許され、初代の総督をチャールズ2世の従兄に当たるカンバーランド公ルパートが務めた。（中略）1869年、ハドソン湾会社はルパート・ランドをカナダ自治領政府に譲渡し、毛皮貿易から小売業へ事業の中心を移した。

どうやら一般的なプライベートカンパニーではなさそうです。長

ハドソンズベイの広告

ハドソンズベイ アムステルダム店

い歴史の中で相当儲けてきた組織、売り先を探していたサックスを買収しただけでなく、大衆店のメイシーズや高級店のニーマンマーカスとも買収交渉をしてきました。そんな北米の巨大企業が今頃、なぜアムステルダムに老舗バイエンコルフの至近距離に百貨店を出したのか。商品は近隣商店街のファストファッションよりも魅力がありません。どうしてそんな勝てるはずのない大衆路線で都心に出てきたのか、不思議でなりません。この辺りはインバウンド客も多

大衆路線のメイシーズ

ニーマンマーカスのニューヨーク１号店

メイシーズ
1858年、ニューヨークに出店した百貨店。系列にブルーミングデールズ百貨店もある。長年、独立記念日の花火大会やサンクスギビングデーのパレードのスポンサーとしてニューヨーカーに親しまれてきた。大衆路線で近年は若干陰が薄い印象。

ニーマンマーカス
1907年にテキサス州ダラスで創業した高級百貨店。クリスマスカタログには特別仕様のロールスロイスやヘリコプターなど高価な商品を多数掲載することで有名。傘下のバーグドルフグッドマンは「唯一無二の百貨店」と言われている。

いエリアですから、出てくるならば傘下のサックスフィフスアベニューのようなハイエンド業態であるべきではなかったかと思います。

今後、大都会の真ん中で百貨店を営業するのであれば、世界のどこでもインバウンド客を呼び込める店でなくてはならない、いやインバウンド比率が低い店では今後都心部で店を維持できないとさえ思います。人影の極端に少ないハドソンズベイに比べてバイエンコルフには賑わいがあり、5階の美容サロン以外ではヒジャブを被ったインドネシアからのインバウンド客も少なくありませんでした。

外国人観光客急増の東京都心部でインバウンド売り上げは多い店でもまだ20％程度、少ない店なら10％前後。この数字はまだまだ低いと言えます。将来のことを考えると、都心部百貨店のインバウンド比率は現在の倍以上になるべきではないでしょうか。良いか悪いかではなく、そうならなければ都心部で百貨店型ビジネスを継続できなくなるでしょう。ロンドン、パリ、ニューヨークしかり、アムステルダムもしかり、賑わいのある店に貢献しているのはインバウンド客、そのことを我々はちゃんと受け止めるべきです。

バイエンコルフとハドソンズベイ、この対照的な両店には今後の百貨店業を考えるうえでのヒントがたくさんあります。比較視察をお勧めします。

売り場は日々変化する

October 13th,2018

一昨日は松屋ＭＤゼミ「敵情視察」の宿題発表でした。普通の宿題は講義の翌週に発表させますが、敵情視察に慣れていないうちは、このテーマだけは数週間あけての発表にしています。競合店の売り場スペース、ロケーション、什器やマネキンの台数、商品構成、商品の特徴、価格分布、想定顧客と実情、販売サービスの実態などを徹底的に調べ、自店の同じ売り場と比較し、自店に問題点があればどのように修正するのかを発表させます。

パーソンズ・スクール・オブ・デザインのバイヤー講座で私自身が叩き込まれた手法を、帰国後、たくさんの若者に長い間教えてきました。私から売り場マーケティングを教わった受講者はすでに1万人は超えているでしょう。私を指導してくれたゴールドスミス先生（当時JCペニー雑貨商品本部長）は、「売り場は入場無料、誰にだって調べることはできる」「売り場は日々変化するから面白い、同時に恐い」、と毎回授業で言っていました。

受講者の宿題の中から、一昨日はファッション雑貨部門のストール、婦人靴、インポートブランドのインショップ、今が旬の栗きんとん、この四つのレポートを選び、松屋には競合店と比べてどんな問題点があるのかを発表させ、その後、私から改善するにはどんな視点が重要かを詳しく解説しました。

過去のMDゼミでも敵情視察の宿題発表から、いろんな改善すべき問題点が浮かび上がったことがあります。例えば平場の洋食器売り場について、競合店よりも平均500円くらいは自店のほうが高

パーソンズ・スクール・オブ・デザイン
100年以上続く私立のデザイン総合大学。ファッションをはじめ、建築、インテリア、プロダクト、グラフィック、環境デザイン、写真など各分野のクリエイターを育てる学校。ニューヨークで活躍するファッションデザイナーの多くは同校出身。

いはずと想像していた担当バイヤーが実際に調べてみたら、自店のほうが逆に５００円ほど安かった。せいぜい上代２０００円程度の平場のお皿が、想定ではプラス５００円のところ実際にはマイナス５００円。つまり想定とは１０００円の開きです。中心上代の半分に相当する開きは即刻改善すべき大問題でした。

また、あるアパレルメーカーの婦人服ブランドでは、競合店のジャケットは全部で9品番あるのに対して松屋は19品番を展開していました。数字上は一見、自店に商品バラエティーがありそうですが、実は違っていたのです。競合店の9品番はよく動いている〝売れ筋〟商品、しかしこちらの19品番の中にその9品番は入っていません。これも大問題です。こんな品揃えをするブランドに都心で売り場を渡す必要はありません。アパレル側の責任者を呼んで、私から強く抗議しました。

今も鮮明に覚えているのは、当時アシスタントバイヤーが調べてきた和菓子のかしわ餅に関するレポートです。競合店と自店で販売

松屋銀座本店

している全てのかしわ餅を実際に食べて、皮の厚さ、大きさと甘さ、こし餡とつぶ餡の餡子の形状、その量と甘さ、価格分布を調べた受講生の結論は、「自店には中の上の商品が少ない」でした。いいところをついてきたこの受講生、現在は食品部の名物バイヤーとして活躍しています。

漠然と市場調査をするよりも、常に近隣のライバルストアと自店の同じ導入ブランド、同じ商品ジャンル、同じビジネス形態の売り場などを詳しく調べ、問題箇所の改善策を考える。そのうちに売り場の将来の見通し、時代の方向性、商品の良し悪しを読み取れるようになります。敵情視察は売り場マーケティングのアンテナを磨くための基本中の基本訓練なのです。だから一昨日も言いました。流通業に従事する限り「常に売り場歩きを心がけ、五感を使ってアンテナを磨け」と。アンテナの感度はクリエイションのように持って生まれた才能ではない、敵情視察の場数を踏めば必ず誰だって良くなると付け加えました。

今日もう一度、全員のレポートを読み、一つ気になる売り場レポートがあったので短いメモを書き加え、その売り場の関係者にコピーして渡しました。この売り場は、先日も関係者を呼んで改善の必要性を説いたばかりでした。若い社員だって気がついている重要なポイントなのだから、現場の責任者たちが早急に改善アクションを起こさないといけません。

次回の講義は「定数定量」です。決して難しいことではないのですが、いろんな会社で教えてもなかなか実践できないマーチャンダイジングの最重要ポイントです。定数定量とは「数を定め、量を定め、決めたことは守る」ことです。100本のペットボトルを並べる什器設定に対して120本を並べようとしても無理。什器に100本と決めたらずっと100本並べ、売れたらすぐにストックから補充して100本を揃える、これが基本です。

10種類のペットボトルをまんべんなく10本ずつで合計100本にするのか、ベストセラーの1品番だけは倍の20本にして残りを8種類10本ずつで100本にするのか、それとも売り上げの上位3品番を各20本ずつで残りを10本ずつにして7種類で100本にするのか。自ら工夫し、決めた数と量を守る、ただそれだけのことなのです。しかし、これがなかなか守れない、気にかけない会社、売り場が多過ぎます。

コンビニ店のペットボトルコーナーやドラッグストアの栄養ドリンクコーナーでは当たり前にやっていることなのに、ことハンガーラックに洋服を掛ける、棚什器にニット類を並べるファッション店となると考えられない。これはおかしいでしょう。

1本120センチのハンガーラックに10センチ刻みでハンガーを並べると決めたら、洋服は12枚掛けられます。ラック内の平均色数が3色展開ならば、4品番しか並びません。この1本のラックのシーズン回転率が仮に4回転であれば、シーズンを通してこのラックで販売する総品番数は16品番です。しかし、あれも売りたい、これが売れなかったらどうしようと考えると品番数はどんどん膨らみ、16品番でよいはずのラックに30品番も用意してしまいます。これは、全部で

定数定量は売り場MDの基本

100本、最大10種類しか並ばないペットボトルコーナーに18種類のペットボトルを発注するのと同じ。コンビニ店ではまずあり得ない話です。

だから、「ラックごとに何枚の洋服を掛けるのか、枚数を書いてストック場に貼っておけ」とよく現場で忠告してきました。自主編集・自主販売売り場以外、百貨店はベンダーさん任せなので自ら定数定量を管理できませんが、定数定量の意識のないベンダーさんとは話し込んで実行してもらうしかありません。これができるかできないかが、魅力あるファッションストアになれるかなれないかの分かれ道、やるしかありません。

たくさん商品を並べておけば売れるというものではない。少な過ぎても売り上げは上がりません。売り場には商品特性、お客様層によってそれぞれ異なる〝適量〟の目安があります。適量を守り、常に整理・整頓・分類して、売り場を美しく保つのが小売店の仕事、だからこそ日々変化する売り場から絶対に目を離してはならないのです。

アメリカ西海岸の明暗

ECブランドのリアル店舗

October 20th,2018

久しぶりのサンフランシスコ。シリコンバレー界隈からどんどん新興企業が生まれる一方、投資家たちにあっさり切り捨てられ、他人を信じられなくなった人も多いのでしょう、若い路上生活者がすごく増えました。ガイドさんが「病んでいる人たちが多い」と教えてくれましたが、まさしくそんな人たちが街に溢れています。ユニコーン（大化けした投資案件）周辺の成功者たちと切り捨てられた若者たち。ここでは格差社会が急速に広がっています。

出張直前にシアーズのチャプターイレブン（事実上の倒産）申請報道があってそれなりに不景気予想はしていましたが、市内中心部のユニオンスクエアにあるニーマンマーカス、サックスフィフスアベニュー、バーニーズニューヨークの高級3店はどこも人影がまばら。こんな閑古鳥状態でやっていけるのかと思いました。特にパリやミラノのトップブランドが並ぶファッションフロアにはほとんどお客様の姿がありません。

お客様が行き交うことのない無人のエスカレーターの音がなんとも悲しい。無人のときは停止する設定にでもすればよいのに、と思いました。販売スタッフはどこの売り場でもスマホいじり、接客の機会がほとんどないから売り場でやることがないのでしょう。これでは士気は下がる一方です。

去年まで比較的賑わっていたはずのコスメや婦人靴の売り場も想像に反して人影は少なく、小売店がものを売ること自体意味を持たなくなったのか、と思うほど。こんな状

シアーズ
1893年創業の量販店。第2次世界大戦後の米国大衆消費文化をリード、1970年代には自動車のGMとフォード、石油のエクソン、コンピューターのIBMと並ぶ全米5大企業だった。日本でもその大型冷蔵庫は憧れの商品だった。

無人のエスカレーターがなんとも悲しげ

態では来年も、同じ場所で営業を続けることは難しいかもしれません。

さて、今回の西海岸視察で最も期待していたのが、ネット通販のエバーレーンのリアル店舗でした。中心部からちょっと離れたバレンシア通り、サードウエーブコーヒーの店やギャラリー、ヨガスタジオなどがぽつんぽつんと点在するまったりした空気が流れる一角にエバーレーンの店はありました。

この新興企業、製造工場の情報をお客様に公開しているので、どういう姿勢でものづくりをしているのかがよくわかります。土に還(かえ)らないケミカル繊維のごみ問題と地球環境のことも取り上げ、数年以内にケミカル繊維の使用を止めると宣言しています。その宣言を「なるほど」と思わせるナチュラルで飾り気のない空気がショップ内に漂っていました

極端な言い方をすれば、第一印象は〝究極の無印良品〟。例えがおかしいかもしれませんが、トランプ大統領

エバーレーン
2010年創業のオンラインを基軸に展開するファッションメーカー。生産工場や原価の情報を一般消費者に開示、透明性の高い企業として注目されている。原価率が高くても儲かるビジネスモデルを追求している。

エバーレーンのサンフランシスコ店

一家はまず見向きもしないであろう飾り気のない商品が並んでいます。非常にプレーンなクルーネックやVネックのニット、ベーシックなシャツやGジャン、ポロシャツ、値段は高くはありませんがそれなりに品質を感じさせる商品でした。

エバーレーンのホームページにアップされている写真は〝隣のお姉さん〟が着ている日常のありふれた生活着、モデルさんは普通の人みたい、派手さというか特別にデザインを施した感じがしません。素朴、自然体、主張しない服です。この会社の企画室では世界の最新トレンド情報なんて気にしていないのではないかとさえ思えます。

SPA（製造小売業）企業も含め、世界のファッション流通業はおよそ四半世紀にわたってコスト軽減を強く推し進め利潤を上げてきました。でも、この会社の考え方は逆です。コストカットではなく、高い原価率でも儲かるビジネスモデルを構築しています。基本的に店舗は増やさずオンライン販売中心、だから内装費の原価償却も家賃も販売人件費も必要ありません。接客スキルの向上も考える必要がない、作り手が直接、消費者に販売するビジネスモデルなのです。

これは、有機栽培農場がクオリティーの高い無農薬野菜を使ってベジタリアン向けのカフェやビーガンレストランを運営しているようなものです。ファーマーとエンドユーザーが背中合わせ、その中間には農協のような組織もなければ、仲卸業者も、飲食店チェーンもないビジネスなのです。

作り手は〝安全〟を売り、消費者は〝安心〟と〝美味しい〟を買う。両者の間でマージンをとる組織が存在しないので、価格は両者ともに納得のレベルなのです。例えて言うなら、こんな感じのビジネスでしょうか。

かつてコピーライターの糸井重里さんは、西武百貨店のために「おいしい生活。」というキャッチコピーを考案しました。今回初めてこの新興企業、エバーレーンのリアル店舗を訪ねて、ふと思い出したのがこの言葉でした。エバーレーンという会社の雰囲気、伝わったでしょうか。

おいしい生活。
1982年、コピーライターの糸井重里氏が考案した西武百貨店のキャッチコピー。80年代の日本の消費文化を語るうえで不可欠なキーワード、広告業界で屈指の名コピーと言われている。

アマゾン本社移転の影響

October 22nd,2018

久しぶりの西海岸ワシントン州シアトル。100年も前から航空機メーカーのボーイング社の企業城下町であり、スターバックスコーヒーが誕生した街。日本人にはイチロー選手が活躍したシアトル・マリナーズの本拠地として知られていますが、現在の主役は本社が移転してきた巨人アマゾンです。

街で出会った神奈川県に住んだことがあるアメリカ人男性によれば、アマゾン本社が引っ越してきてからシアトルは大きく変わったそうです。顧客満足経営で有名な百貨店ノードストロームが賑わうのも、徒歩数分以内の場所にできたアマゾン本社のお陰、新興企業で高いサラリーを得て豊かな暮らしをする人たちが急増したからでしょう。

シアトルに入る前に視察したサンフランシスコの高級店が絶望的

シアトルのアマゾン本社

ノードストローム
1901年にワシントン州シアトルで創業した百貨店。顧客満足経営を打ち立て、他店とは比較にならないサービスの良さが評価されている。レシートさえあればいかなる返品にも応じるので、開店時間には返品客の行列ができる。

なくらい閑古鳥だったのとは対照的で、ノードストローム本店には百貨店本来の活気があり、お客様も販売員もおしゃれです。百貨店にはまだやれることがある、ここでそう実感できたのもアマゾン移転効果なのでしょう。今回の海外視察研修を例年のニューヨークではなく、あえて西海岸北部のサンフランシスコとシアトルにしたのは、アマゾンをはじめ新興企業の移転によってこの地域に新しい生活価値観が芽生え、新しいライフスタイルの予感があり、新しいビジネスのヒントがあると期待したからです。実際、期待した通りの収穫がありました。

新しいライフスタイルという点では、まずは「アマゾンゴー」があります。アプリをダウンロードしたスマホを店のゲートにかざすと、電車の改札のように通過できます。店内にレジはないので、お客様は商品をそのまま抱え代金を払わずに帰ります。ゲートを出ておよそ15分後、スマホに決済が送信されてくる仕組みでした。

商品の陳列は日本のコンビニ店と同じなのですが、未来のビジネスモデルということで、なんとなくお客様のテンションは高く感じ

アマゾンゴー

アマゾンが始めた完全キャッシュレスのスーパーマーケット。店内にレジはなく、お客様は商品をそのまま持ち帰り、数分後に登録アドレスに決済メールが届く仕組み。将来は無人営業になるはずだ。

リアル店舗での買い物もネット決済へ

られました。私も不思議な興奮を覚えました。ダウンロードしていない人のためにエントランスにＱＲコードを掲示し、これをスマホで撮影してダウンロードします。この方式、近い将来には日本にも絶対に来ることでしょう。

今日はウーバーを呼んで、ワシントン大学のキャンパスに隣接するユニバーシティービレッジに出かけました。ホテルから車で15分程度、このショッピングモールの目玉はアマゾンのリアル店舗「アマゾンブックス」です。１年前にニューヨークで初めて訪れたときの感想は「案外小さい書店だな」でしたが、郊外のショッピングモールなのでここはかなりの広さです。

近郊は平和な住宅街のため、モールは朝からお子様連れが多く、この書店でも幼児用の絵本や知育商品が揃っていました。決済はクレジットカードまたはアマゾンのアカウントとパスワード入力で行います。ウーバーの支払いもそうですが、ネット決済社会になるとパソコンやスマホに馴染みのないお年寄りは困るだろうな、と思います。アマゾンゴーも、アマゾンブックスも、これからの消費社会

ユニバーシティービレッジ
シアトルの中心街から車で15分程度のところにあるワシントン大学キャンパスに隣接するショッピングモール。

シアトル郊外のユニバーシティービレッジ

を大きく変えます。

さて、これから海外研修の打ち上げ、スターバックス発祥のマーケットプレイスにあるシーフードレストランに集合です。研修参加者のみならず、引率した私にとっても非常に収穫の多い、刺激的な視察でした。やはり、いつ来てもアメリカ市場は「売り場に学ぼう」という気にさせてくれます。

顧客満足店に安堵

October 24th,2018

若くしてシリコンバレーで起業し、投資ファンドの資金と経営サポートを受けて大化けするユニコーンもいれば、ファンドに早々見切りをつけられ放り出される起業家もたくさんいるからでしょう、6年ぶりのサンフランシスコは浮浪者が通りに溢れていました。しかも大声でブツブツ独り言を発する路上生活者が多く、街全体が非常に荒れていました。私たちのホテルの周りにも浮浪者が多く、外出するたびに恐怖感を覚え、平和だったサンフランシスコのダウンタウンはこの6年の間にすっかり落ちぶれた印象でした。

ユニオンスクエア界隈の高級百貨店は、どこもお客様の姿を見かけることがほとんどありません。ニューヨークでもパリでもファッションフロアは閑古鳥ながら、化粧品と婦人靴の売り場だけは賑わうというのが現在の百貨店の姿でしょうが、サンフランシスコは化粧品にも婦人靴の売り場にもお客様がいません。もう百貨店は何をやってもダメなのか、と絶望感を持ってシアトルに向かいました。

しかし、シアトルのノードストローム本店にはたくさんのお客様、皆さん楽しそうにショッピングをなさっている表情に安堵しました。ここだけは販売員の数も多く、しかもサンフランシスコの高級店よりもオシャレです。顧客満足経営を進めてきたノードストロームだから、この賑わいなのかもしれません。

もともとノードストロームは他社に比べて販売員の数が多く、丁寧に接客する訓練を受けています。我々のように買い物客ではなく視察丸出しの入店者に対しても、販売員はフレンドリーに接してくれます。他社なら写真撮影をした瞬間にガードマンが怒鳴りました（数年前まではＳＮＳの時代ではなかったので「出て行け」と言われたこともあります）が、ノードストロームだけは以前から「どうぞ」と撮影をとがめられませんでした。常にお客様への優しい目線で仕事をする百貨店、その賑わいとお客様の表情を見てまだまだ百貨店にはやれることがある、と勇気づけられました。

日曜日の夕刻に立ち寄ったとき、各フロアのエスカレーター脇ではドリンクやフードサービスの準備をしていました。準備中の従業員に「これから何かイベントがあるのでしょうか」と訊いたら、「7時から」と返ってきました。日曜日の午後7時にはどの都市でも百貨店の客数は減りますが、閉店の9時まで顧客サービスを行う。こういう日頃の努力があっての賑わいなのです。

アクセサリー売り場で見かけた女性客は、サンフランシスコの百貨店ではほとんど見かけることのなかったオシャレな装いです。このようなお客様がノードストローム本店には結構多くいます。これも驚きでした。販売員はなぜかミニ丈の黒いワンピース姿が多かったのですが、お客様はピタピタのヨガパンツにスニーカーではありません。それなりの格好をしてショッピングをしています。かつての高級百貨店の光景が、そこにはありました。

アマゾン本社のシアトル移転は他店にも等しく効果があったはずでしょうが、ノードストローム本店と渡り廊下でつながる隣のショッピングモールは空き物件が目立ち、各ブランドショップにもキーテナントのバーニーズニューヨークにも人影はほとんどありません。このモールで賑わっていたのは台湾のあの小籠包チェーン店だけで、我々も1時間半待たされました。

日頃からお客様本位をモットーに営業しているノードストロームとそうではない店とでは、アマゾン本社移転の効果が明らかに違うのです。隣のバーニーズには新興富裕層が好みそうなインポートブランドがいくつも入っていましたが、人影はほとんどありません。

シアトルのノードストローム本店、売り場はオシャレなお客様で賑わっている

そこに百貨店と入居するブランドが考えなければならない問題があることを、改めて思い知らされました。

ノードストロームがシアトルから東海岸へとどんどん店舗網を広げていった20世紀終盤、同社が掲げる「カスタマーズ・サティスファクション（顧客満足）」が米国小売業界に浸透し、多くの百貨店のサービスが急速に改善されました。店にない商品ならばパソコンで他店在庫を探してくれる。カスタマーが旅行者であれば、在庫がある支店から翌日にホテルまで届けてくれる。かつては「在庫はございません」で終わっていたのですから大変化です。日本でもその〝CS経営〟が一時期注目されましたが、最近ではCSという言葉はほとんど聞かなくなりました。

どんな百貨店でも社訓として〝顧客第一主義〟とか〝お客様最優先〟を掲げて営業していますが、まだまだノードストロームに学ぶべき点はたくさんあるのではないでしょうか。本気で顧客満足度を上げる店には生き残れる可能性があり、何も努力しない店に明日はない。シアトルに同行した若手社員には肝に命じてほしいです。

ニューヨーク、迷走する百貨店

プロの販売スタッフ

November 20th,2018

ニューヨークのマジソン街にあるポールスチュアートのカリスマ経営者クリフォード・グロッド社長（故人）にインタビューしたとき、「うちには役員よりも高いサラリーをとっている販売スタッフが数人いる」と聞きました。基本給プラス歩合制を導入している米国小売店で販売スタッフの年俸が高いのは珍しいことではありませんが、役員よりも高いという説明にはびっくりでした。

だからでしょうか、ポールスチュアート本店では「おぬし、やる

クリフォード・グロッド
ニューヨークのマジソンアベニューにある専門店ポールスチュアートの社長を長年務めた。「お客様がどんなに遠い場所に引っ越しても、わざわざ来てもらえるのが本当の専門店」と筆者に教えてくれた経営者。

な！」と我々を唸らせるプロの販売スタッフが多かったのです。フリーのお客様がふらりと店に入って目に留まったスーツをハンガーラックから外すと、「あなたにはもっと似合うスーツがある」と胸を張って別の商品を薦める。そんな場面に何度も遭遇しました。

お客様が商品を決めると、販売スタッフはメジャーで寸法を測ることなくストック場に消え、しばらくすると同じスーツのサイズ違いを抱えて戻って来ます。ニューヨークは国連関係者や外国企業の駐在員が多く、お客様の体型は千差万別。スーツのサイズ数は日本と比較にならないほど多く取り揃えています。38L（ロング丈）、40S（ショート丈）、40R（レギュラー丈）など、ボディ寸法と着丈の両方を表示したサイズ違いのスーツが十数種類あり、その中からお客様のサイズのものをストック場で探して持って来るのです。

販売スタッフがストック場から出て来たら、お客様は低い台に案内されて試着し、三面鏡の前でスーツのフィッティングをします。フィット感と着丈はほぼピッタリ。これだけでも「おぬし、やるな！」なのですが、その後、接客をしながら白いチャヤコでスラスラとスーツの背中に波線（部分的に絞る箇所）、袖口に直線（袖丈の調整）を描いてお客様の身体にドンピシャになるよう修正を入れて行きます。その流れるような手つきが実に美しい、まさにプロの仕事でした。

グロッド社長の話は、帰国してからもずっと頭から離れませんでした。日本のファッション企業の大半は販売スタッフに対するリスペクトが明らかに欠けていたからです。

かつてファッション業界内には、「本社の方々、店頭の奴ら」という嫌な言葉があったそうです。本社で仕事をする総合職や専門職と店頭で日々お客様と接する販売職では待遇が大きく異なる企業がほとんど。多くの経営者は口を揃えて「販売員は大切」と言いながら、どうして日本企業は処遇に格差があるのでしょう。ときにはとんでもないクレーマーさんもいる職場で、苦労しながら会社の売り上げに貢献しているにもかかわらず、この格差はどう考えてもおかしいと思います。

ポールスチュアート本店（ニューヨーク）

仮りに同じ大学を卒業し、同時に新卒採用された総合職Aさんと販売職Bさんでは、おそらく初任給からして違うでしょう。これが3年ほど経過すると、Aさんの年俸はBさんよりも3割ほど多くなるのではないでしょうか。3年経つとアパレル企業のインショップでBさんは店長に次ぐ「サブ」に、優秀ならば早くも店長になっているでしょう。本社勤務3年の総合職でまだ責任あるポジションにはないAさんと、早くも店長に抜擢され数人のスタッフを監督している同期のBさん。本来はどちらの年俸が多いかと言えば、絶対に店長職にあるBさんです。しかし、ほとんどの会社では総合職のAさんが評価される傾向にあります。

販売職をプロに育てて処遇も改善する、これは日本のファッション業界が取り組むべき重要課題です。そのためにはいろんな改善が必要ですが、まずは発注権限を店長に与えること。消化仕入れのショップは本社営業から、委託取引の場合は百貨店バイヤーから、自社ショップの店長に発注権限を移譲する。店長にはマーチャンダイジングの基本と発注の仕方を教え、プロ意識を持ってもらう。そ

消化仕入れ
近年、百貨店と取引先との取引の大半がこの形態。お客様がお買い上げされた瞬間、百貨店は取引先から仕入れた形になる。購入が決まらない間、商品の所有権は取引先側にある。

して従来の「自らたくさん売る」ことより、スタッフと店のマネジメントと意図のある発注に専念させ、「自らは売らない」ことを徹底させるのです。店長の売り上げの構成比がショップの総売り上げの半分を超える場合は厳重注意、あるいは店長職を外すくらいのことをしなければ改善しません。毎月、緻密な販売計画をスタッフ全員で立て、全員で共有し、そして検証、反省する。店長は英語でストアマネージャー、マネジメントが本来の仕事なのです。

販売スタッフをプロに育て、モチベーションをアップさせ、離職率を改善して長く働いてもらうには、どんなアパレル企業も業務革新が必要でしょう。単純に給与面の改善だけではありません。プロとしての自覚、販売職としての誇りを持ってもらうこともモチベーションにつながります。人材育成プログラムを整備し、プロになるために学ぶ喜びを提供して、マーチャンダイジングの基礎を身につけてもらわなければなりません。

ポールスチュアートのセールススタッフのような接客販売のプロもいれば、マーチャンダイジングの腕を磨き、精度の高い発注で会

委託取引

高度成長期に始まった百貨店と取引先の取引形態。納品時点で商品の所有権は百貨店に渡り、取引先の売り上げになる仕組み。しかし多くは返品可能であり、取引先は実際の在庫状況が把握できないという難点もあり、最近この形態は敬遠されている。

社のプロパー消化率向上に貢献してくれるスタッフもいます。プロにはプロとしての評価を企業はすべきではないか、常々そう考えて指導に当たってきました。

販売スタッフの待遇改善に取り組まず、人材育成もいい加減な会社に将来はありません。ファッションビジネスはもうB to Cの時代であり、お客様と毎日接する現場スタッフから情報を集めて戦略を立てるのが当たり前です。しかもネットによる激変の時代だからこそ販売スタッフを大事に扱う、ファッション企業の経営者には声を大にして言いたいことです。

改装したら閑古鳥

February 23rd, 2019

ニューヨーク五番街の高級百貨店サックスフィフスアベニューが

数年前、ドル箱の化粧品を拡大・強化するため、売り場を1階から2階に上げると発表しました。そのときから私は、「絶対に成功しない」と言ってきました。

かつてバーニーズニューヨークもバーグドルフグッドマンも、ニューヨークに初進出するセフォラへの対策で化粧品売り場を拡大して地下に移設しましたが、良い結果は得られませんでした。以来、化粧品を人通りの多い1階から外すのは危険である、と言い続けてきました。

セフォラが五番街のサックス本店前に大型店を出したとき、サックスだけは1階で化粧品売り場を拡大して成功し、逆にセフォラは早々とこの場所から撤退しました。そして世界の化粧品業界では、新しいコスメやパフューム のローンチはニューヨークのサックス本店から、という流れができました。それから十余年、婦人服の数フロアはヒマでも、サックスの1階化粧品売り場と8階特選婦人靴売り場だけはいつも賑わっていました。

ところが、化粧品を販売しているだけでは、もうオンライン通販とは戦えなくなったのです。そこで強みのあるコスメと関連グッズを拡充し、これに美容サロンやエステなどのサービス機能をプラスして、「モノ」と「コト」を同時提供することでお客様の信頼を得ようと、サックスは2階への移設拡大を計画しました。化粧品の拡充と美容サービスの充実は百貨店として正しい選択でしょうが、1階から2階に移設したらこれまでのような賑わいを作れるはずはありません。私は大いに疑問でした。

数日前、ニューヨークコレクションから戻ったばかりのファッションコーディネイターに、改装が完了したサックス1階の雑貨売り場と2階のコスメ売り場の写真を見せてもらいました。「どうだった？」と訊いたら、「お客様はほとんど見かけませんでした」。やはり予想していた通りです。2階にお客様を誘導するため1階中央部に新しい専用エスカレーターを設置しましたが、ほとんど効果がない。化粧品では全米のどの百貨店よりも賑わいを作れるサックス本店でしたが、2階への移設によって賑わいはなくなり、これからサックスはどのカテゴリーで勝負するのでしょう。

日本でも、コスメを1階から移設して自滅した百貨店の例はいくつもあります。「客数ビジネスと客単価ビジネスを一緒に考えてはいけない」、これはパーソンズのバイヤー養成講座で恩師のゴールドスミス先生がいつも言っていたことです。コスメは客数ビジネス、トラフィックがないフロアに移設してはならない。三越銀座店のように、地下鉄出口と直結している地下1階ならトラフィックがあるので大丈夫ですが、お客様の姿が少ない上層階ではまず失敗します。

化粧品は「モノ」と「コト」や「トキ」をセットにしてお客様に提供できる、百貨店にとってはとても重

サックスフィフスアベニュー本店。改装後に集客が激減した化粧品売り場

要な商品カテゴリーです。競合店を圧倒するほどブランドを並べ、美容サービスも提供したい、その気持ちは十分わかります。1階には他にも展開しなければならないサングラスや傘、マフラー、手袋などの季節の雑貨・小物から、ピアスやネックレスなどのアクセサリーがあります。だから化粧品拡充には2階しかないと、売り場ゾーニングのセオリーをあえて無視したのでしょう。

近年、世界中で〝美と健康〟が注目され、コスメとそのサービス機能、スポーツ関連、食料品と飲食サービスは従来の百貨店の主力カテゴリーであった婦人服ブランドの商品以上に重要になるでしょうが、百貨店ビジネスのセオリーを無視してはいけません。

サックスは旧ワールドトレードセンターの場所にできた新モール、ブルックフィールドプレイスにマンハッタン2号店を構えたものの集客はままならず、早くも撤退を表明しています。今度の本店

サックス本店１階の雑貨売り場

改装で成果が上がらないと、経営責任を問われかねません。経営陣はこのまま無策でいられないでしょうが、果たしてサックスに次の一手はあるのかどうか。

テロの後、ワールドトレードセンタービル跡地は整備され、すっかり様相が変わった

売り場はホントに正直です

店舗がどんどん消える

March 3rd,2019

長い間、米国市場からたくさんのことを学びました。１９７０年代のブルーミングデールズ百貨店は〝店は劇場〟のうたい文句通り、売り場にいろんな物語がありました。大衆店としてスタートしたため、ベンダー集めに苦労し、新規ベンダーを海外で開拓する方法として、フランス展や中国展など全館挙げての〝カントリープロモーション〟を毎年打った。それが世界の百貨店のお手本になりました。

ブルーミングデールズ
１８７２年創業の百貨店。フランス展、中国展など全館挙げての大々的カントリープロモーションを行い、１９７０年代には世界の百貨店がお手本にしたことで知られる。現在は大衆店メイシーズの傘下にある。

80年代中頃からはＤＫＮＹをはじめとするブリッジラインの展開にも大いに刺激されました。デザイナーブランドがファーストラインをうまく落とし込み、大きな売り場でドーンと売る。迫力もあったし、価格と商品のバランスにも納得でした。卸売業だったデザイナーブランドが百貨店以外に路面やショッピングモールの直営店を増やしたのも、この時期のことです。商品展開方法やブランドの世界観の表現、ライフスタイル提案ではラルフローレンのマジソンアベニュー本店が何と言っても一番のお手本でした。

90年代は製造小売業のギャップグループの店舗に何度も足を運びました。トレンドカラーをあえて外して独自の打ち出しをするバナナリパブリック、スーパーマーケットの食品ケースのような什器に低価格品を山のように積むオールドネイビー、そして旗艦ブランドのギャップのデニムやカーキのダイナミックな展開にマーチャンダイジングの極意を感じ、隠し撮りでたくさん写真を撮影したものです。試着室や承りカウンターの大きさにも感心させられ、松屋

マジソンアベニューにあるラルフローレン本店

店内の回廊を行くと部屋ごとに MD が展開される。ラルフ本店はライフスタイル提案のお手本だった

銀座店の大リニューアルの参考にさせてもらいました。

２０００年代にはアバクロンビー&フィッチのホリスター、ルールのファッション店の常識を超えた暗い店内照明とボリュームを上げた音楽に、「こんなこと、誰が考えるのだろう」と驚かされたものです。郊外のショッピングセンターにラグジュアリーブランドの大型店がどんどん増え、郊外モールを視察するたび、そこにはビジネスヒントがたくさんありました。サックスフィフスアベニューの8階を皮切りに、百貨店の特選婦人靴売り場の大型化も、この時代の百貨店ビジネスの大きなディレクションです。我々もハイエンド婦人靴の導入に全力を挙げました。

自社のオリジナルコンテンツをいろんな種類のポーチやレインシューズ、バッグ、スカーフなどの雑貨に落とし込むヘンリベンデル。決してラグジュアリーではありませんでしたが、その商品政策に魅せられ、日本市場で展開するためにベンデルの社長にアポを入れ、交渉に出向いたこともありました。

ヘンリベンデル
1895年創業のファッション専門店。新人デザイナー発掘のインキュベーションストアとして有名だった。チョコレート色とホワイトのストライプ柄雑貨を多品種販売していたが、2019年に親会社エル・ブランズは解散を決定した。

ストライプ柄雑貨が一世を風靡

しかし、ファッション専門大店として一世を風靡(ふうび)したヘンリベンデルを買収した製造小売業の雄、エル・ブランズ（旧リミテッド）はベンデル部門の閉鎖を決定し、今年の初めに100年超の歴史ある名店は姿を消しました。現在、ベンデルのホームページは「長年のご愛顧に感謝」となっています。

エル・ブランズは、リアル店舗からオンライン通販への全面的シフトを表明しています。ランジェリーのヴィクトリアズシークレットだけはリアル店舗継続かと思っていましたが、これから53店舗を閉鎖するそうです。特徴に乏しい同社の一般アパレルブランドと違って、ヴィクトリアズシークレットはそれなりに存在感のあるブランド。ファッションショーを三大ネットワークでオンエアするくらい人気でしたが、リアル店舗を縮小せざるを得ない状況のようです。ついに、例外なきリアル店舗の縮小が始まります。

そして先日、ギャップグループは230店舗の閉鎖を発表しました。低価格ブランドのオールドネイビーに資本を集中し、オールドネイビーの分社化も考えているとか。既にオールドネイビーは日本

名門ヘンリベンデルも閉店

エル・ブランズ
アメリカのアパレル企業（本社オハイオ州コロンバス）で、主に女性向けアパレルとパーソナルケア用品の店舗網をアメリカ、カナダ、英国に展開している。ブランドにヴィクトリアズシークレットやラ・センザ、バス・アンド・ボディ・ワークスなど。

市場から撤退しており、これから同グループは日本市場でどんなビジネス展開を考えていくのでしょう。

製造小売業が急成長した90年代初め、郊外のショッピングモールではリミテッドグループ、ギャップグループ、アバクログループの大型店がそれぞれ四つ、五つあるのは当たり前でした。私がよく視察に出かけるニュージャージー州ショートヒルズのショッピングセンター、ザ・モール・アット・ショートヒルズでも3グループの大型店は全部で十数店舗ありましたが、彼らが順番に退店していったら、モールそのものが崩壊するかもしれません。

ショートヒルズはかつて五つの百貨店がキーテナントとして入居し、西欧ラグジュアリーブランドの直営店がずらりと並ぶ、全米でも珍しい高級ショッピングモールでした。でも、中央部にあったサックスフィフスアベニューは3年前に退店し、長らく空き家のまま。その後この空き家がどうなったのか調べようとモールのサイトにアクセスすると、以前はテナント名が記してあったモール案内図そのものがありません。ひょっとしたら、空き店舗が増え過ぎて案

ザ・モール・アット・ショートヒルズ
マンハッタンから車で45分ほどのニュージャージー州郊外にある高級ブランド店が揃うショッピングモール。百貨店5館がキーテナントというのは全米でもほとんど例がなかった。

内図を掲載できない状態なのかもしれません。

米国ファッション市場を牽引してきた大企業や有力ブランドがリアル店舗を次々と閉鎖し、ニューヨークのマジソンアベニュー、五番街、ソーホー地区のブティック街でも空き物件が目立ちます。70年代から多くを学ばせてもらった米国市場は今、明らかに異様です。再浮上する可能性はあるのか。それとも、オンラインショッピングの巨人に食われるだけなのか。いったいどうなるのでしょう。

売り場が破綻をささやく

July 14th,2019

いよいよそのときが来たか——。今日、時事通信がバーニーズニューヨークのチャプターイレブン（連邦破産法）申請検討を報じました。ニューヨーク在住時代にお手伝いしたことのある店です、

ショートヒルズ SC にも空き店舗

複雑な思いでニュースを読みました。

２０１７年秋にニューヨークを訪れ、バーニーズ発祥の地である七番街西17丁目の新店に立ち寄りました。そのとき、ほとんどお客さんがいない状況から、先は短いかもしれないなあと、同行した部下に思わずこぼしたのを覚えています。18年秋にシアトルに出張した際も、アマゾン本社のシアトル移転による特需で賑わうノードストローム本店とは対照的に、隣接するバーニーズに人影はありませんでした。このとき破綻は時間の問題と確信しました。

今日の報道は「破産申請を検討している」であって、これから救済の手を差し伸べるグループが現れるかもしれず、必ずしも破産が決まったわけではありません。１９９６年に一度破綻したときも再建に手を挙げる会社が現れたのですから。とはいえ、全米小売業の現状を考えると、果たして救世主は登場するのか。今度ばかりは楽観視できないかもしれません。

破綻したバーニーズニューヨーク

ニューヨークで仕事をしていた81年春、バーニーズニューヨークの三代目ジーン・プレスマン氏に頼まれ、一緒に来日しました。当時のバーニーズは七番街に1店舗の大型ファッション専門店で、ここに「TOKYO」という名のインショップを作って日本人デザイナーを一挙に導入する計画でした。

このとき、ジーンから三つのことを打診されました。一つはTOKYOに導入するブランドを発掘する、二つ目はバーニーズの日本進出の可能性を探る、そして三つ目はジーンが手がけるアパレルブランドBASCO（バスコ）の日本パートナーを探す、ということでした。

一つ目のジャパンブランドの発掘は引き受けましたが、バーニーズニューヨークの日本進出とバスコのパートナー探しは断りました。既に日本に進出していたブルックスブラザーズ、ポールスチュアートはトラッド専門店で、コンセプトがはっきりしているから日本展開は比較的簡単です。それに対してバーニーズニューヨークには、トラッドの売り場もあればアルマーニなどデザイナーブランド

TOKYO
1981年、バーニーズニューヨークにオープンした東京ブランドを扱う売り場。当時まだ世界では無名だったコムデギャルソンやニコルを初めて導入して注目された。

BASCO
バーニーズ・オールアメリカン・スポーツウェア・カンパニーの頭文字をとったバーニーズニューヨークのオリジナルブランドとして発足。他店への卸売りも行った。

の売り場もあり、どうやってストアの特徴を出せばいいのか私には想像できませんでした。バスコもデザイナーブランドのように強い個性があるわけではなく、長く続くブランドとは思えなかったのです。

その後、どういうルートでたどり着いたのかは知りませんが、バーニーズは伊勢丹を口説き落とし、新宿にジャパン1号店をオープンしました。と同時に、600億円以上の米国出資を伊勢丹から引き出し、この資金でシカゴやビバリーヒルズなど全米各地に多店舗化を進め、マジソンアベニューの旗艦店も作ったのです。正直に言って、「伊勢丹は危ないなあ」と思いました。ニューヨークのダウンタウンに1店舗のファッション店にブランド価値が600億円以上もあるとはとても考えられなかったのです。

伊勢丹が出資して多店舗化した後、バーニーズニューヨークは破綻しました。創業一族は会社を追われ、伊勢丹が大きなヤケドを負ったのは、みなさんご存知の通りです。確か米国の投資ファンドが経営権をとり、いったんは再建しました。しかし旗艦店のマジソンアベニュー店にはかつての輝きが感じられず、創業の地に出したダウンタウン店は完全な閑古鳥状態、前述したシアトル店は隣接するノードストロームとは賑わいの点で大きな開きがありました。このままでは存続が厳しいと予測しました。

長年〝敵情視察〟を多くの若者に教えてきましたが、売り場はホントに正直です。売り場調査のコツを覚えると、店を歩きながら「この店は近未来に破綻するだろうな」と読み取ることができるようになります。売り場が破綻をささやくのです。カルバンクラインを発掘した高級店ボンウィットテラー（五番街ティファニー本店の隣、現在のトランプタワー）、その跡地に進出したフランスのギャラリーラファイエット、一時期は百貨店のお手本と言われたブルーミングデールズ（一度破綻したが再建された）もそうでした。売り場が破綻の近いことをささやくのです。

直近では、あのワールドトレードセンターの再開発の地に出店したサックスフィフスアベニューの新店もそうでした。同行者に「ここは継続が無理」と言いましたが、結局、オープンして3年足らず

ボンウィットテラー
1895年に創業し、五番街のティファニー本店の隣にあった高級百貨店。カルバンクラインを発掘、支援したことで有名。その後、身売りを繰り返し倒産した。

サックス新店は3年足らずで撤退

で閉店しました。サンフランシスコのユニオンスクエア周辺のいくつかの百貨店も、ビバリーヒルズの百貨店数店も、そして渦中にあるバーニーズのシアトル店も、視察時に売り場のささやきが聞こえました。売り場はウソをつきません。いくら大企業のチェーン展開でも、世界のトップブランドを集積している小売店でも、過去に業界で君臨した名門企業でも、売り場が閑古鳥では末路ははっきりしています。

日本の商業施設でも「これはアカン」は少なくありません。賑わいを作る具体策をトップマネジメント（自社の売り場を一人で歩く経営者が少なくなりました）が打ち出せば回復は期待できるかもしれませんが、それがないならそう遠くない将来、規模縮小、身売り、あるいは閉店でしょう。

では今後、バーニーズ日本法人はどうなるのか。タリーズコーヒーは米国本体がすでに倒産していますが、日本法人は元気です。これと同じく、バーニーズ本体が仮りに倒産しても、日本法人は営業を続けられると思いますし、そうあってほしいです。

百貨店に打つ手はないのか

October 21st,2019

今度のニューヨーク出張の目的は、現在指導している松屋の若手社員の海外研修の引率でした。研修団へのオリエンテーションでは、現地百貨店の動向、新しい成長業態、〝美と健康〟の生活価値観、そしてマーチャンダイジングの基本を現地で見ること、この4項目をチェックするよう説明しました。

特に、化粧品売り場を2階に移設して成果を上げられないサックスフィフスアベニューと、2度目のチャプターイレブンを申請するに至ったバーニーズニューヨークの失敗要因を探る、1店舗しかないバーグドルフグッドマンがどうしてベンダーと消費者から信頼されるのか、アマゾンブックスやエバーレーンのようなオンラインビジネスがリアル店舗を展開している事例から今後のビジネスを考える、これらを研修ポイントとしました。

マジソン街のバーニーズニューヨーク旗艦店

サックスが化粧品売り場を2階に移設してから化粧品は絶不調と聞いていましたが、実際にどうなっているのか、この目で確かめる、これが私の一番の関心事でした。かつてメインフロアに化粧品売り場があった頃のサックスは、化粧品売り場と8階の特選婦人靴売り場だけはものすごく賑わっていました。が、五番街のドアを開けた瞬間、あまりの人影のなさにびっくり。メインフロアにお客様がいないサックスなんて初めてです。

2階化粧品売り場に誘導するために新設されたエスカレーターで昇ると、ここもお客様の人影はまばら。世界のコスメ業界から高く評価され、「化粧品と香水ならサックスから発売」だった時代が長かったので、こんなにヒマな化粧品売り場は初めて。それでもここまでは想定内でした。

ショッキングだったのは特選婦人靴売り場。サックスが8階に思い切ってラグジュアリー婦人靴の広い売り場を作ってから、米国の競合店もヨーロッパの百貨店も婦人靴売り場をドーンと拡充する流れができました。特選婦人靴の大ヒットの先駆

サックス本店8階の婦人靴売り場

けだったサックスです、平日の午前中からソファに陣取って靴のボックスを数箱積み上げて接客される中南米系マダムたちが多いフロアだったのに、ここも閑古鳥でした。こんなにヒマな8階を目の当たりにするのも初めて。これは想定外でした。

サックスの数分前に視察した近くのバーグドルフの2階特選婦人靴売り場にはたくさんの買い物客がいましたから、こんなに人影がないなんてちょっと考えられません。化粧品の2階移設でメインフロアがガラーンとなったらドル箱の8階婦人靴までヒマになる、衝撃的です。やはり化粧品はトラフィックの多いフロアで展開しなければいけない、メインフロアに人影がなくなると上層階にまで大きな影響が出る、我々も肝に銘じなくてはなりません。

8階でショックを受けた後、エスカレーターで紳士服フロア、婦人服フロアに降りました。これまで人気を誇った8階婦人靴が閑古鳥なのですから、もともとヒマだった紳士服、婦人服のフロアには誰もいません。ミラノ、パリコレクションの花形ブランドが多数並んでいるのですが、手の打ちようがない悲惨な光景です。どんなア

バーグドルフグッドマン
1901年創業。ニューヨーク五番街の高級百貨店。デザイナー、ブランドが最も出店したい百貨店として知られ、ファッション界を牽引し続けている。

バーグドルフグッドマン

ングルで写真撮影してもお客様が邪魔になることはありません。

この出張中、破綻したバーニーズニューヨークは全米の店舗を全て閉鎖し、サックスの親会社ハドソンズベイとの間でサックスの中にインショップ展開のセレクトショップとしてバーニーズニューヨークの名前を残す交渉をしているというニュースが流れました。しかし、こんなに人影のないサックス本店にバーニーズニューヨークのインショップを設置しても長続きはしないでしょう。

サックスを視察した後、雨が降る中をダウンタウンのエバーレーンのリアル店舗に出かけました。かつて婦人靴のシガーソンモリソンのあったノリータ地区プリンスストリート、ここにオンラインショッピングの成長株の店はありました。雨にも関わらずお客様が楽しそうに買い物をし、閑古鳥のサックスとはあまりに対照的でした。花形コレクションブランドを集めるサックスと、製造原価を全て情報開示するボリューム価格のエバーレーン。同じレベルで論じることはできないかもしれませんが、あまりに対照的な光景に、新旧ビジネスモデルの大きな違いを感じました。

シガーソンモリソン
1991年にFITで出会ったカリ・シガーソンとミランダ・モリソンが設立したシューズブランド。シンプルなスタイルにこだわったシューズが人気。

サックスのみならず、婦人靴フロアだけは賑わっていたバーグドルフ、近々全店閉鎖になるバーニーズ、かつて世界の百貨店が参考にしたブルーミングデールズも、ファッションのフロアはどこもお客様より販売スタッフの数のほうが多かった。にもかかわらず、各店ともファッションは今も複数階で展開し、しかも売り場には大量の服、服、服。百貨店や大型ファッション店には従来とは違う新しいマーチャンダイジング戦略がないのでしょうか。

ある程度は予想したうえでのニューヨーク視察でしたが、売り場に大量に並ぶ服と人影のなさは予想以上で、非常にショッキングでした。

ブルーミングデールズの化粧品売り場

ブルーミングデールズ本店

いつもと違うニューヨーク

October 24th,2019

およそ2年ぶりのニューヨーク、マンハッタンのあちこちでユニークなデザインの細長い高層ビルや建造中のビルをたくさん見かけました。まるで施主が近隣ビルとデザインを競い合っているようで、なんとなく中国の上海に雰囲気が似てきています。再開発のハドソンヤード周辺と、9・11テロ事件で多大な被害を被ったダウンタウンが特に顕著で、「こんなにビルを建ててどうする?」と思いました。

例年に比べていろんなものが違っていて戸惑いました。一番の戸惑いはタクシー料金の高騰です。「交通渋滞追加料金」が誕生し、実車になるとメーターには自動的に3・30ドル加算の表示が現れ、時間帯によってはさらに「夜間料金」がプラスされ、ちょっと乗っただけですぐに20ドルになってしまいます。長い間マンハッタンではミッドタウン中心部なら10ドルほどで移動できたのに、今は倍以上かかります。

交通渋滞は、さらに深刻になりました。自転車レンタルサービスが普及して自転車レーンが増え、路上に駐車スペースやカフェ営業のブロックも設けられ、ただでさえ渋滞が酷かったマンハッタンは前よりもっと悪化しています。その関係でドライバー保護の「交通渋滞料金」追加が認められたのでしょう。

ウーバーはニューヨークでも拡大し、その影響でイエローキャブの権利金が暴落しました。借金をして1億円ほど払って手に入れたキャブ免許権利金が2000万円ほどに暴落し、資金繰りが悪くなって自殺するタクシードライバーまで出始めたそうです。夕方のラッシュアワーも空車のイエローキャブが例年より増えたような気がします。

時間と経費を節約するため、何年ぶりかでメトロカードを購入し、今回は地下鉄とバスをかなり利用しました。地下鉄の車両は新しくなり、場所によっては駅のコンコースも

再開発地ハドソンヤード
は新しい観光スポット

随分ときれいに整備されましたが、あの独特の臭いだけはまだ残っています。真夏はきっとかなり臭いでしょう。

2年前もマジソンアベニューやミートパッキング地区で空き物件が目立ちましたが、さらに増えた印象です。メインストリートの五番街でも次の入居が決まらず、工事もされず空いたままの大きな物件がゴロゴロ。相変わらずマジソンアベニュー、ミートパッキングやソーホーには、空き店舗を斡旋(あっせん)する不動産屋の張り紙が多くありました。にもかかわらず、家賃そのものは低下していません。

こんなに空き店舗があれば、そのうち値崩れするのは明白です。今、ニューヨークは不動産バブルそのものです。ビルのオーナーが交代してレント契約期限が迫ってくると、とんでもない値上げを通告され、移転を余儀なくされるショップが増えています。ネット通販がどんな商品ジャンルでも広がり、リアル店舗の売り上げ自体は減少傾向にあり、そんな中で家賃だけが上がる。こんなバカな構図がいつまで続くので

空き物件だらけのマンハッタン

しょう。

百貨店のような大型小売店やモールはどこも閑古鳥状態です。特に飲食サービスや食料品販売をしない米国百貨店は先が見えません。言い換えれば、衰退の道しか残されていません。一方、食に関する業態はたくさんのお客様を集めて元気そうでした。

お客様の熱気にとにかく「すごいなあ」と感じたのは、イータリーです。生鮮食料品、こだわりの加工食品、ワインやチーズのレジカウンターには行列ができ、店内の数カ所のカフェとレストランコーナーも飲食を楽しむ人でごった返して、ちょっとした食のテーマパーク状態でした。とにかく買いたくなる食

イータリーは2010年にNYに出店。ものすごい賑わい

材やキッチン雑貨がいっぱいで、ただ見て回るだけでもたっぷり楽しめます。物販に食べる体験を合わせてこの賑わい、リアル店舗運営のヒントがここにはあります。

再開発が進むハドソンヤードの商業施設、ニューヨーク初進出のニーマンマーカスやブランドショップは総じてガラガラで、一番の行列はブルーボトルコーヒーでした。私がこの街に住んでいた頃、値段の高い美味いコーヒー店に行列ができるなんて全くありませんでした。ニューヨークの食文化はホントにアップグレードしました。今回、あちこちで目についたのが、日本でもお馴染みのパン屋、メゾンカイザーです。マンハッタンに数店舗あります。米国人がパンの味にこだわるなんて昔は考えられませんでした。

コーヒーなどガブガブと何杯でも飲めたらよかったのに、今では値段が高くてもこだわりのコーヒー店に行列ができる。コーヒーの国別銘柄にもこだわり、焙煎豆のまま購入する消費者も増えました。カクテル用のウォッカとジンとお手頃価格のビールがあればよ

バスケットに大盛りのフルーツ。
つい手を伸ばしたくなる

かった国に、ワインの愛飲家が増え、さらに大きなガロン容器入りコーンオイルから細長い瓶入りヴァージンオリーブオイルが食用油の主役になりました。格差社会の証しなのかもしれませんが、食生活は近年大きく変わりました。

〝美と健康〟を気にする生活者が増え、安全安心の食材、美味しいものを求める動きは確実に全米に広がっています。20世紀の農業の生産性向上に大きく貢献した遺伝子組み換えや農薬製造のケミカル会社が社会から見放され、今では「悪魔」とまで言われています。ケミカル会社への訴訟はすごい件数に膨れ上がり、今後ますます有機栽培野菜が重宝されるでしょう。

食で新しい価値やサービス、体験を提供できるはずなのに、米国の百貨店には日本やヨーロッパのような食料品売り場やレストランフロアがありません。かつて大衆店のメイシーズは地下に生鮮食品売り場がありましたが、今は衣料品売り場になっています。どうして食に大きく踏み出さないのか、自分たちでやれないなら思い切っ

コーヒーの銘柄にも
こだわるように……

てテナントを導入すれば館全体の賑わいを創出できるのに、と思います。長年、ドライグッズだけで営業してきた意地なのでしょうか、不思議です。

先進国なのにインフラ整備がアジアの新興国よりも遅れている、これも非常に気になったことでした。インターネットを生んだ国なのに、昔からホテルのＷｉ－Ｆｉ環境は中国、台湾、韓国以下のレベルです。ホテルの部屋でアジア各国のようにパソコンやスマホが動いたことはありません。ホテルの部屋の設備そのもの、バスルームのアメニティーも新興国以下、サービス精神はまず感じられず、セキュリティーだって怪しい。でもチップは依然、必要なのです。私が泊まったホテルの格付けだからそうだったのかもしれませんが……。

ニューヨーク出張の直前に行った台湾があまりに快適で、文字通りリーズナブルだったので、それに比べるとどちらが先進国なのかわかりません。よく21世紀はアジアの時代と言われますが、20世紀に繁栄した国はあぐらをかいて発展が止まっているのでしょうか。

ドライグッズ
乾燥したものを表す英語だが、英国ではドライフード、米国では織維製品を表すのが一般的。

私は変化のスピードが飛び切り速いニューヨークが大好きです。ここに来るといろんなビジネスヒントを感じることができ、何より元気をもらえます。しかしアジアの新興国の追い上げと、時差と国境がないネット時代になっていることを考えると、ニューヨークにさらなる進化の可能性があるのかどうか。社会全体がマネーゲーム体質になって、楽にビジネスをすることばかり考える人がこの街に多くなってしまったのかもしれません。

Perspective

モノ、コト、トキの顧客接点を創出する新たなビジネスモデルへ

相次ぐチャプターイレブン

ブログを再開した２０１８年夏から今日までのたった2年の間に、第2次大戦後の米国大衆消費文化を支えてきたシアーズとＪＣペニーがチャプターイレブン（連邦破産法第11条、日本の民事再生法に類似）を申請しました。20世紀後半の市場を牽引した製造小売業の雄ギャップを見事に再建した経営のプロが晩年に手がけたＪクルーも、ファストファッションの一翼を担ったフォーエバー21もチャプターイレブン。そしてギャップと並ぶ製造小売業の雄エル・ブランズ（旧リミテッド・ブランズ）傘下のヘンリベンデルは解散しました。

破綻はボリューム市場だけのことではありません。およそ四半世紀続いたラグジュアリーブランドのバブル消費を牽引してきた高級ファッション店バーニーニーズニューヨーク、米国最高峰のバーグドルフグッドマンを傘下に持つ高級百貨店ニーマンマーカスともにチャプターイレブンを申

請しました。マンハッタンのミートパッキング地区を新しいファッションタウンに変えた功労者である高級セレクトショップのジェフリーニューヨークも、親会社のノードストロームが全店閉鎖を発表しました。バーニーズは、カナダの大手ハドソンズベイが子会社サックスフィフスアベニューの店内にセレクトショップとして残す構想と言われています。そのサックスはマンハッタン2号店を開業3年足らずで閉店し、五番街本店は化粧品フロアの大改装に失敗して苦しい状況が続いています。果たしてバーニーズの売り場を新たに設置する余裕があるのか、疑問です。親会社ハドソンズベイもまた、オランダのアムステルダムに進出したものの、結局3年ほどで撤退を決めました。立派な店を開いて3年足らずで撤退とは、いくら大企業であってもかなりの痛手です。

ミートパッキングをリードしたジェフリー

2年間で米国の名立たる小売業がバタバタと倒産あるいは閉鎖、しかもラグジュアリーからボリュームまで市場ピラミッド全域と言ってもいい衰退の構図です。ファッション流通業が大きな地殻変動をしていると感じずにはいられません。新型コロナウイルス感染による長期休業が倒産を早めた例はありますが、多くは構造的な問題が倒産あるいは閉店の要因でしょう。一番の構造的問題は、作り手から仕入れて消費者に売って高い中間マージンを得るビジネスモデルがもう時代には合わない、ということです。

かつては一般消費者が作り手の情報を得る、逆に言えば作り手が消費者に発信することは容易ではありませんでした。しかし、インターネットの普及・進展によって、作り手と消費者の距離はグンと縮まり、作り手がダイレクトに消費者に発信することも販売することも難しいことではなくなりました。これまで小売店を通してしか消費者の購買動向や嗜好情報を得られなかった作り手は、ダイレクトに消費者とつながったことで簡単に顧客情報やそのニーズを得られるようになり、収集した情報を商品開発に活かせるようになりました。

モノ、コト、トキのタッチポイント

19年秋の実売期、ニューヨークの高級百貨店を視察していて非常に気になったことがあります。高級店なのに特選婦人靴売り

ジェフリーニューヨーク
元バーニーズニューヨークのバイヤーがジョージア州アトランタに開業したセレクトショップ。ニューヨーク西14丁目、精肉卸売りの集積地（ミートパッキング地区）に店を構え、同地区の再開発に一役買った。その後、ノードストロームに身売り。

場の什器の上に高価な婦人靴がたくさん並んでいたのです。これまでなら実売期に大量の高級ブランド靴が並ぶことはまずなかった高級店にもかかわらず、まるで〝ささやきセール〟を始めたかのような見え方、定数定量を無視した商品展開でした。

なぜセール期のように大量の品番の靴を並べるのか。おそらく百貨店がラグジュアリーブランド側に多くの別注オリジナル商品を注文し、ブランドの通常商品ともども陳列したので品番数が増えたのでしょう。高級店らしく適量展開ができなくなった理由は、オンラインショッピングでもリアル店舗でも小売店側とブランド側がお客様の争奪戦をしているからだと推測します。

ラグジュアリーブランドが発表した婦人靴だけを販売していては、品揃えの点で百貨店はブランドの直営店やオンラインサイトには敵いません。ブランドの通常発注にプラスして特別に発注したストアオリジナル商品を一緒に陳列すれば、お客様の選択肢は増えます。百貨店はこれをリアル店舗とオンラインサイトの両方で展開して消化を早めたい、だから婦人靴売り場のテーブルには商品がいっぱい並ぶのです。

魅力的な商品を供給してくれるベンダーは、小売店にとって大切な〝友〟でした。しかしラグジュアリーブランド側が有力小売店のすぐ近くに大型直営店舗をオープンし、さらにオンラインとつなげてオムニチャネル化を進めると、昨日までの友は競争相手になります。オンラインショッピングが未成熟な時代には小売店とベンダーは共存共栄の友好関係にあったのでしょうが、今となっては同じカスタマーをリアル店舗でもオンラインでも奪い合うライバル、共存共栄の関係は崩れました。

消費者としては、リアル店舗であろうがオンラインであろうが、選択肢が多く、カード割引も含め値段が安いに越したことはありません。百貨店やセレクトショップへの強いロイヤルティーと接客サービスの質の高さがあれば、消費者は心地良いショッピングができる売り場を選びます。が、接客サービスを受けないオンラインショッピングではどうでしょう。品揃えの点でブランド側のオンラインのほうが絶対に優位であり、こちらでは競争は厳しいと言わざるを得ません。

だから、小売店はモノだけでなく、コトやトキでも満足感を与えられるタッチポイントの提供がこれまで以上に重要なのです。百貨店ならば、顧客満足経営を企業理念としてきたノードストロームのようなきめ細やかなサービスを提供できれば、少なくともリアル店舗でお客様は離れていかないでしょう。マーチャンダイジング上、ストア別注の追加はそれなりに意味があるでしょうが、モノと同時にコトやトキをどう具体的に売り場で拡充するかが、小売店に

ささやきセール
シーズン後半にセールの表示はせずに、常連顧客らに耳元でセール開催中をささやく先行バーゲンセール。

はもっと重要なことだと思います。

ショールームとしての売り場

新型コロナウイルスの感染リスクから人々は外出を控えて自主的に隔離生活を過ごし、高年齢の消費者でさえオンラインでの買い物件数が増えました。コロナ禍が収束したからといって、人々は以前のように買い物に出かけるとはとても思えません。が、隔離生活でかえって人とのコミュニケーションのありがたさを実感した人々に、どのような連帯感、共感、ロイヤルティーをショッピングの場面で消費者に提供できるのか、小売店はそこを考えなければなりません。

さらに、店頭で誰が試着したかもわからないファッション商品をこれまで通り手渡しする販売方法も再考すべきかもしれません。試着用のサンプルは毎回除菌スプレーや蒸気加熱で感染リスクを回避し、店のストック場から新品を持ってきたとしても、安心できず警戒するお客様は存在するでしょう。注文は店頭で受ける、お客様には配送センターから宅配便で誰も試着していない新品をお届けする、つまり売り場がショールームとして機能するビジネスモデルが今後、広まるのではないでしょうか。

米国で日本人らが創業したエムエムラフルアーは、ショールームを展開するオンライン企業です。米国主要都市にショールームを開設し、そこでお客様のケアをするのは販売員ではなくスタイリスト。リビングルームやダイニングルームのあるショールームはブランドの世界観を感じさせるアットホームな空間で、お客様はここでくつろげます。スタイリストに薦められて購入を決めても、ショールームには在庫がなく、お客様は商品を持ち帰ることができません。注文は全てネット。くつろげる空間とオンライン、スタイリストとのコミュニケーション、タッチポイント戦略が非常に明確です。

エムエムラフルアーの顧客向けのショールーム

これまでファッションブランドの大半はリアル店舗で成功した後にオンラインを整備してきました。これに対してエバーレーンやエムエムラフルアーは、最初にオンラインで販路を広げ、ある程度顧客を作った後にリアル店舗を開いてオムニ

エムエムラフルアー
日系人起業家、日本人デザイナーたちが2011年にニューヨークで創業したファッション企業。オンライン中心にオリジナルのファッション商品を販売する新興ベンチャー。

チャネル化を狙う、従来とは逆のビジネスモデルです。コロナ禍における消費行動の変容が近未来オンラインブランドの急成長を促すことは十分に考えられます。

原価抑制型とは真逆のモデルへ

もう一点、アフターコロナのファッションビジネスにとって重要なことがあります。価格に対する消費者の不信感を払拭する施策です。20世紀後半から概してファッション流通業はコストの削減に苦心してきました。原価率を下げ、在庫リスクや廃棄処分リスクをマージンに乗せてきた、とも言えます。結果、商品価値と小売価格の乖離が顕著になり、消費者の目にも「値段のわりには品質が良くない」と判別できる商品が店頭に溢れています。

さらに、セールの早期実施が常習化し、シーズン前半から店頭に「30％オフ」を掲げる大型SPAが増え、全国各地にアウトレットモールが多数登場し、ブランド企業から名ばかりの「ファミリーセール」の案内が頻繁に届くようになりました。こういう様々な値引きイベントが続くと、消費者は小売価格に対する不信感を抱き、もうプロパー価格で衣服を買う気にはなってくれません。

ただでさえ価格への不信感を募らせる消費者に向け、商品ごとに原価の仕組みと生産現場の詳細情報を開示するエバーレーンのような企業が現れ、ますます店頭で表記されている小売価格が信用されなくなりました。失った信頼を取り戻すには、生産プロセスの正確な情報開示とともにビジネスモデルの革新が不可欠です。

情報開示の点では、これまであえて発表してこなかった使用素材の製造者や縫製工場の社名や所在地を明らかにし、どういう生産者がものづくりの背景にいるのかをネットで詳しく紹介する。既に一部のブランドでは、素材メーカーの名前をわざわざ開示するところも出てきています。エバーレーンのように原価の仕組みまでオープンにすれば、消費者の信頼は得られるでしょう。

ビジネスモデルの革新では、原価率を下げて利幅を稼ぐやり方からの脱却、つまり原価率を上げても儲かる仕組みの構築とロスの廃絶が必要です。原価率を上げても利益が出る仕組みは、作り手とお客様の距離を思い切り短縮し、家賃や販売費のかからないオンライン販売のシェアを高くする、もしくは家賃を抑えられるショールームにおける受注システムと複合したオムニチャネル化もあるでしょう。とにかく、従来の原価抑制型とは真逆のビジネスモデルを作り上げるしかありません。

また、見込み生産だから生じるロスをなくせば収益は上がります。受注生産に近い新たな仕組みができれば、小売価格を抑制し、消費者の信頼を再び取り戻せるかもしれません。

May 20th,2020

1769-1900
GINZA
FASHION
WEEK

第2章

時代が変わる

ネットの普及はあらゆる産業に大きな変化をもたらし、新たなビジネスモデルがどんどん生まれている。一方、服の大量廃棄が社会問題となり、過剰生産と売れ残りを生む仕組みが変革を迫られている。新型コロナ禍で生活価値観も大きく変わり、ファッションビジネスはどこへ向かうのか。

歴史を飲み込むコンテンツ産業

ネット事業者の寡占化

July 4th,2018

米国ネット配信事業者のネットフリックスがコンテンツ制作の年間予算を約8000億円にすると発表（2018年1月）したとき、いよいよ生活文化産業にとんでもない時代が到来したと思いました。この予算額は、制作費100億円規模の大作映画を1年間で80本も調達できることを意味します。ハリウッドのメジャー映画会社が100億円規模の大作を年間で何本配給しているでしょう。私は映画産業の専門家ではないので詳しいことはわかりませんが、大作を年間80本もリリースできるメジャースタジオなんて、おそらくないはずです。

数年前、私はハリウッドのメジャースタジオの一つを訪問したことがあります。本社ロビーには過去に同社が獲得したアカデミー賞作品賞のオスカー像トロフィーがずらりと並んでいましたが、現在このメジャーは制作予算100億円超えの大作主義ではなく、数十億円の作品を年間二十数本配給している、と担当者から聞きました。ネットフリックスの年間調達予算8000億円という数字は破格なのです。

メジャースタジオは系列の映画館で映画を上映しますが、ネットフリックスが配信する映画やアニメのほとんどは映画館で上映されることはありません。ユーザーは映画館に足を運ぶことなく、自宅にいながらパソコンやスマホで映画やアニメを楽しみます。ネットフリックスの他にも、巨人アマゾンがアマゾンプライムで映画配信をしています。この二大勢力がユーザーをもっと増やせば、当然のことながら全米の映画館やシネコンの観客動員数

ハリウッドのメジャースタジオ、ソニー・ピクチャーズ（元コロンビア映画）の本社

は減少します。最近、地方都市や大都市郊外のショッピングモールがゴーストタウン化していますが、モールに隣接するシネコンも閉鎖が相次いでいるのはそのためです。

先般、映画監督のスティーブン・スピルバーグ氏は、映画産業を守るためにはネット動画配信会社のオリジナルコンテンツをアカデミー賞の候補対象外にすべきではないかと発言しました。カンヌ映画祭でもネット配信の新作の扱いを議論しているようです。しかし近い将来、アカデミー賞でもカンヌ映画祭でもネット配信映画を受賞対象と認めざるを得ない日がきっと来るでしょう。

魅力的なシナリオを執筆する脚本家や映画監督、映画化権を有するプロデューサーにとっては、自らの構想を満足できる作品に仕上げるために十分な予算を出してくれるスポンサーあるいは投資家がいればよいわけです。その出どころがネット配信会社であろうが、メジャーの映画会社であろうがどこでもよい。予算面ではネット配信事業者でも不都合はないはずですが、なぜネット配信映画は映画産業の祭典から除外されているのでしょう。

もちろんネット鑑賞が増えれば映画館の閉鎖は避けらず、映画館で映画を観賞するライフスタイルが消滅するから反対、という意見もあるでしょう。ですが、映画作りに関わる人々の中にアンチ動画配信派が依然多いのは、ネット配信事業者が映画産業に君臨してコントロールし始めると、いずれは経費節減、制作予算のカットを言い出しかねないと懸念しているからではないでしょうか。

ネット通販の急拡大で運送業者の宅配件数、手数料収入はものすごく伸びました。しかしながら現在、運送会社は苦境に立たされています。なぜなら、ネット通販大手から宅配手数料の値引きを強く求められているからです。

このところトランプ大統領がネット通販の巨大企業を痛烈に批判し続けている一つの理由は、米国郵政公社が通販事業者に宅配手数料の減額を強いられているからとも言われます。大手通販事業者が宅配サービスを自営化すると年間約１０００億円以上のコストダウンが図れるとの試算を発表したため、郵政公社は手数料の減額要請を飲まざるを得ません。消費市場における巨大企業の寡占化がこれ以上進むと、宅配事業者はさらなるディスカウントを飲まざるを得なくなるか、最大のクライアントを失うことになりかねません。

宅配業と同様、映画産業でも将来、ポストプロダクション事業者はネット配信企業の自営化に悩まされるはずです。動画配信事業者の寡占化が進むと、いずれ制作費あるいは調達予算のカットを言い出すのは目に見えています。それを恐れてスピルバーグ監督は、ネット作品をアカデミー賞の対象外とすることに賛同しているのではないでしょうか。

アマゾンの出現によって、街のＣＤショップや書店の多くが店を閉じました。私はニューヨークに行くたびにヴァージンレコード、タワーレコード、ＨＭＶの大型店に立ち寄って、日本では発売されていない初期のアカデミー賞ノミネート作品のＤＶＤを収集してきました。しかし、大型ＣＤショップがマンハッタンから消滅したので、アカデミー賞コレクションは続けられなくなりました。

書店の閉店が続く中でマンハッタンに昨年、アマゾンのリアル店舗「アマゾンブックス」が登場しました。消えた書店の代わり

ポストプロダクション
映像撮影後に、編集、音楽録音、吹き替え、字幕挿入などをして作品に仕上げる作業、ないしはそれを行うスタジオのこと。

にネット通販大手がリアル店舗を出したことにびっくりしました。もしマンハッタンにアマゾンのＣＤやＤＶＤの販売店が出現すれば、私のアカデミー賞ノミネート作品の収集は復活できます。

今後はファッションビジネスにおいても、ネット通販で服を買う生活者が増え、リアル店舗の存在感は今よりもっと薄くなるでしょうし、ネット通販プラットフォームがネットとリアルを連動させたオムニチャネル化をより進化させるでしょう。

もう避けられない時代の流れですが、大手ネット事業者による寡占化がこのままどんどん進むと、米国郵政公社のような配送事業者が苦しめられ、宅配サービスの質の低下でトラブルが増え（日本でも最近、トラブルは急増）、映画館やショッピングモールが消えて一部の生活者にはかえって不便な世の中になってしまうのは明らかです。映画や音楽、ファッションのクリエイターたちも、作品を買い叩かれる可能性があるということを想定しておかなければいけません。

マンハッタンのアマゾンブックス

映画産業の構造変化

December 5th, 2018

アメリカで人種差別はかなり緩和されたはずですが、東欧、中欧、ロシアなどからのユダヤ系移民とその子孫はWASP中心の社会において長い間、差別されてきました。私がニューヨークに住んでいた1970年代後半でさえ、同市近郊の名門ゴルフコースはユダヤ系に会員資格を与えなかったところもありましたし、基幹産業の自動車メーカーではユダヤ系に役員の道は長く閉ざされていたと聞きます。江戸時代の士農工商と同様、アメリカでも日銭を扱う商人は社会的地位が低かったのです。

ユダヤ系に対する拒絶反応が強く、製造業に参入しにくかった20世紀初頭、彼らの多くは日用品を販売する流通業で一生懸命働きました。百貨店、量販店にユダヤ人が圧倒的に多いのも、小売店にアパレル商品を卸すファッション業界、デザイナー、ファッションエ

WASP
アングロサクソン系白人のプロテスタント信者。英国から渡ってきた人々の子孫。米国の支配階級と言われている。

ディターの多くがユダヤ系であるのも、人種差別の歴史的背景があったからでしょう。

もう一つ、圧倒的にユダヤ系が活躍する産業があります。発明王トーマス・エジソンの特許圧力から逃れて西海岸のハリウッドに移った人々が興した映画産業です。プロデューサー、監督、俳優には、苗字の末に……マン、……バーグ、……シュタイン、……スキーなどが付く有名人が多くいます。アルトマン、ホフマン、ニューマン、ポートマン、スピルバーグ、ワインシュタイン、ポランスキー、ストーン、アレン……古くはチャップリンもユダヤ系です。

今でも映画の冒頭シーンは配給元のメジャー映画会社のクレジットマーク画像、続いて実際に映画を制作したプロダクションの画像が流れ、その後に映画タイトルあるいは主役の俳優名の画像が続きます。映画の冒頭にロゴで登場するユナイテッド・アーティスツはあのチャールズ・チャップリンらが1919年に創業し、MGMはサミュエル・ゴールドウィンのゴールドウィン・ピクチャーズなど3社が24年に合併したもの。いわゆるメジャーの創業者は全員がユダヤ系であり、20世紀初めから彼らがハリウッドを支配してきました。

ところが、およそ100年間にわたりアメリカの映画産業を牽引してきたメジャーに異変が起こりました。彼らに代わる新たなリーダーとして台頭してきたのが、近年急成長を続けるネットフリックスです。創業者がユダヤ系かどうかは知りませんが、郵便によるDVDレンタル業として97年にスタートし、これをオンライン化、さらにいち早くサブスクリプション方式を導入して会員を拡大し、すでに売り上げは1兆円を超えています。映画を制作しているプロダクションやマイナーなスタジオに制作資金を出資して作品を調達し、映画館では上映せず、オンライン配信で会員に映画を提供するビジネスです。

先日、ネットフリックスの経営最高責任者リード・ヘイスティングス氏のインタビュー記事（日本経済新聞「未踏に挑む」12月2日付）を読んで驚きました。現在は年間約80億ドルのコンテンツ調達予算が2倍になる時代がやってくる、と発言しているのです。年間

1兆8000億円もの作品調達予算はべらぼうな金額であり、前述したように1本100億円の大作なら実に180本もの映画に投資できます。驚異的数字です。

ネットフリックスが超巨額を投じ、この分野で競合するアマゾンも対抗してネット映画配信を増やせば、全米の映画館の多くは間違いなく閉館に追い込まれます。今でもネットフリックスとアマゾンプライムの急成長で各地のシネコンは次々と閉鎖していますが、今以上の巨額予算が投入されたら映画館はやっていけなくなります。100年もの間長きにわたってハリウッド映画を支配してきたメジャースタジオの役割は不要になり、彼らの経営は難しくなり、映画の冒頭に登場したメジャーのシンボルマーク画像は消え、ネットフリックスやアマゾンプライムのロゴが登場することになるでしょう。

世界大恐慌の29年に誕生したアカデミー賞では、現時点でネット配信の作品をノミネートしないことになっていますが、ネットフリックスが1兆8000億円を投じる時代にネット配信の映画を排除していたら、賞そのものが存続不可能になるでしょう。カンヌ映画祭も同じで、現時点ではネット作品を排除していますが、近い将来はどうでしょう。

ネットフリックスやアマゾンプライムの登場で映画作りが衰退したのかと言えば、決してそうではありません。映画を制作するプロダクションから作品を買い上げる機関がメジャー配給会社だけでなくネット配信事業者も加わり、一般市民は映画を映画館で観る回数は減ったけれどネットで簡単に映画を観る機会が増えました。ハリウッドの映画産業は落ちぶれても、アメリカ映画そのものが衰退するわけではありません。

同じことがファッション流通業にも言えます。従来の仕組みをぶち壊し、業界秩序を破壊するネットフリックスのような会社が台頭しつつあります。その一つがエバーレーンです。同社のようなネット通販の利用者が増えれば増えるほど、一般消費者は既存小売店でものを買わなくなりますが、ファッション商品が世の中から消えるわけではありません。

エバーレーンの素晴らしい点はいくつもあります。生産工程の徹底した情報開示、これは消費者に安心感をもたらします。小売り展開の諸経費がありませんから品質向上に全力を挙げられ、消費者は価格と品質に満足します。調子に乗って大量生産を追い求めず、生産数量を絞り込んだ〝売り切り御免〟のビジネスです。このやり方を続けたら製造小売業で常態化しているマークダウンはなくなり、消費者の信頼を得られます。ＳＮＳをフル活用して集客するので、広告宣伝費や販促費は必要ありません。既存のビジネス手法とは明らかに違うのです。

映画産業のメジャーはファッション産業界では大手アパレルメーカー、制作会社は製造工場、映画館は百貨店やセレクトショップのような小売店、ネットフリックスがエバーレーンに相当するのでしょうか。１００年の歴史ある伝統的産業では新しい旗手によって、産業大革命がすでに始まっています。映画業界もファッション業界も、もっと危機感を持ち、問題を先送りせず、手を打たないといけません。

映画の歴史が変わる

January 23rd, 2019

昨日、２０１９年度アカデミー賞各部門のノミネート作品が発表されました。日本のメディアは外国語映画部門に「万引き家族」（是枝裕和監督）が、長編アニメ部門に「未来のミライ」（細田守監督）がノミネートされたことを大きく報じています。が、メディアにもっと取り上げてもらいたいのは、これまで排除されてきたネット配信映画の一つが作品賞など最多10部門にノミネートされたことです。

その映画は、アルフォンソ・キュアロン監督の「ＲＯＭＥ・ローマ」。ネット配信大手ネットフリックスが製作した作品で、１９７０年代のメキシコを舞台に中産階級の人間ドラマをモノクロ映像で描いています。すでにヴェネチア国際映画祭コンペティション部門で最優秀作品にあたる金獅子賞、先のゴールデングローブ賞では最優秀監督賞と最優秀外国語映画賞を獲得していますから、本年度アカデミー賞では最も注目された作品の一つと言えるでしょう。

キュアロン監督は「ゼロ・グラビティ」で14年の第86回アカデミー賞監督賞を受賞（他6部門で受賞）しているメキシコの鬼才で、他にも「ハリー・ポッターとアズカバンの囚人」のメガホンをとった有名な監督です。

これまでアカデミー賞は、授賞式の前年にアメリカの映画館で上映された作品を対象としてきました。基本はユニバーサル、20世紀フォックス、ワーナー・ブラザースなどハリウッドのメジャーが製作あるいは配給してきた映画です。しかし近年、ネットフリックスやアマゾンプライムがネット配信映画に力を入れるようになり、このままでは全米の映画館が苦しくなるとアカデミー賞やカンヌ映画祭でネット配信の会社がリリースした映画は排除されてきました。ただ、巨匠スピルバーグ監督をはじめ、映画館で映画を観るアメリカ生活文化が崩壊する危機感を抱く映画人はたくさんいます。そんな中での今回のノミネートは、歴史的な出来事です。

前述したように、ネットフリックスは現在年間約8000億円の調達資金を、近未来に2倍にすると公言しています。キュアロン監督がアカデミー賞監督賞を受賞した大作「ゼロ・グラビティ」（ワーナー・ブラザース配給）の制作費が約100億円（興行収入はそれ以上）と言われていますから、ネットフリックスの調達資金がどれほど莫大かわかります。映画制作や調達に巨額の資金を投じるネット配信事業者がこれ以上成長すれば、アメリカ人は自宅で映画を鑑賞するようになり、映画館には出かけなくなります。だから、ネット映画はアカデミー賞やカンヌ映画祭の対象として認められなかったのです。

ところが、ネットフリックスは「ROME・ローマ」をまずは限定映画館で静かに公開し、その後にネット会員へ一斉配信を始めました。ということは、「アメリカの映画館で上映された作品」のルールに該当しますから、アカデミー賞の対象外にはなりません。今後、ネットフリックスやアマゾンプライムが映画コンテンツを有するプロダクションに制作費を出す、あるいは自ら制作に乗り出し、ほんの一握りの映画館で先行公開後に全世界の会員にネット配信すれば、アカデミー賞の対象になる資格を得られます。言い換えれば、アメリカ映画産業界を牛耳ってきたメジャースタジオ各社よりも潤沢な資金を提供できるネット配信事業者が、メジャースタジオに代わる大スポンサーとなり、一般市民に向けてネットで映画を配信すれば、全米の映画館やシネコンは徐々に閉鎖される運命にあります。

アマゾンのネット通販登場でＣＤショップが街から消え、いつの間にか音楽や映画はネットで視聴するのが一般的になり、ＣＤはほとんど売れない世の中になりました。新作映画のネット配信が当たり前になれば映画館は街から消え、ＤＶＤは必要なくなります。これが進めば、映画コンテンツのＤＶＤ販売やテレビ局の放映料で利益を得てきたメジャースタジオは減収に陥り、映画館は消滅してアメリカの伝統的娯楽産業は様変わりします。

「ＲＯＭＥ・ローマ」はアカデミー賞最多10部門でのノミネート

ですから、世界の映画産業の歴史は今年から大きく変わります。日本人監督の作品がノミネートされたことは我々日本人にとって誇りであり、2作品ともぜひ受賞してほしいと思いますが、歴史的意味という点で「ROME・ローマ」のノミネートはもっと重要でしょう。それなのに、日本のメディアはそのことを大きく取り上げない。不思議です。

いつの間にか、アメリカ市場では衣料品売り上げのトップがアマゾンになったそうです。一方、この四半世紀の間、ファッション市場をリードしてきたエル・ブランズ（リミテッド）やギャップグループなど製造小売業の巨人は、店頭部門の縮小を相次ぎ公表しています。音楽や映画などコンテンツ事業の世界で起きている大きな変化の波はファッション流通業界にも迫っています。アカデミー賞ノミネートの話は決して対岸の火事ではありません。

時代を呼吸するものづくり

名門企業の消滅

October 11th,2018

東京やニューヨークで会うたび、いつも「太田くん」と兄貴分のように接してくれる在ニューヨークのキチこと小川吉三郎さんは、米国デザイナーを多数輩出しているパーソンズで今も教鞭をとっています。文化服装学院では山本耀司さんやアトリエサブを創業した田中三郎さんの同窓生だったと聞いています。

キチさんは文化服装学院を卒業後、ニューヨークに渡ってＦＩＴで学び、ファッション専門紙『ＷＷＤ（ウイメンズウェア・デイ

ＦＩＴ
ニューヨーク州立ファッション工科大学。マーチャンダイジングから生産管理やデザインまで学科が充実したファッションビジネス専門の総合大学。

リー)』のアートディレクション部門で活躍したイラストレーターです。在学中にファッション専門大店として当時ニューヨーカーに人気だったヘンリベンデルの幹部にその才能を見込まれ、ニューヨークタイムズ紙などメディアに掲載する同店の広告はキチさんが描いていました。早逝（そうせい）した天才イラストレーターのアントニオ・ロペスやアンディ・ウォーホルも、かつて同店のアートディレクションを担当していました。

私が渡米した1970年代のヘンリベンデルはとてもスペシャルな店でした。買い取った商品のブランド織りネームの上にわざわざ自社の織りネームを縫い、どこのブランドなのかあえてわからないようにして販売していました。購入客がその気になれば同店の織りネームを外してその下にあるブランドのものだけにすることはできましたが、「ブランド品を売る」のではなく「うちが選んだ商品を売る」ことに徹していたのです。その姿勢が素晴らしかった。

ちなみに、雑誌や広告写真のロケに行くスタイリストやカメラマンのアシスタントは、同店で撮影に必要なタイツやストッキング類

専門大店
特定の分野、商品カテゴリーに専門特化した大型店舗のこと。

を購入していたので、「モデル御用達」とも言われました。
ファッション専門大店として全盛期にあったヘンリベンデルには、ファッション雑誌編集者出身のジェラルディン・スタッツ社長、その片腕である上級副社長でファッションディレクターのジーン・ローゼンバーグさんという、女性二人の〝目利き〟がいました。彼女たちは毎週金曜日の午後、若いデザイナー、パーソンズやFITの学生たちに門戸を解放し、デザイナーとその予備軍は同店にサンプルを持ち込んで売り込みました。商品が魅力的であればその場で注文がもらえる。つまりベンデルはデザイナーの卵を孵化させる〝インキュベーションストア〟だったのです。

全米の同業者や百貨店は、このインキュベーションストアを頻繁に視察したものです。売り場で気になった商品をサンプルとして購入し、ベンデルの織りネームを外してブランド名を特定すると、ブランド側に直接コンタクトして取引を持ちかけたと言われています。ファッション小売店にとって、マンハッタン西57丁目の〝ベン

解散前のヘンリベンデルの売り場

デル詣で〞は新しいリソースを探す便利な方法でした。

私は後年、CFD議長を務めていたときに、ヘンリベンデルがかつてインキュベーションの役割を果たす特別な店だったことを説明し、「おたくでも同じように若手デザイナーにドアを解放する売り場はできないものか」と迫ったことがありました。その相手が当時の伊勢丹で婦人服部門のトップだった武藤信一さん（後に社長）であり、それをきっかけに彼らが作ってくれた1階の期間限定売り場が「解放区」、そのバイヤーとして私の前に現れたのが藤巻幸夫さん（後の参議院議員）でした。そして解放区の設置を機に生まれた有名なキャッチコピーが「毎日があたらしいファッションの伊勢丹」です。

もう一つ、ヘンリベンデルには思い出があります。81年春のこと、ニューヨークに住んでいた私はバーニーズニューヨークのバイヤーらと来日しました。TOKYOという名のインショップを計画していた頃で、着目したのがコムデギャルソンでした。まだパリコレに進出しておらず、米国では無名のブランドでした。「ニュー

CFD
1985年に設立。当時日本を代表するデザイナーたちが発起人となり、東京コレクションを実現した。現在はデザイナーやアパレル企業などが加盟し、デザイナーの発掘やファッション情報の提供を行っている。

解放区
1994年、伊勢丹新宿本店が1階中央部で期間限定でスタートした若手ファッションデザイナー育成のための売り場。ファッションに強みのある伊勢丹を象徴する売り場で、現在は「TOKYO解放区」という名称で2階で営業している。

ヨーク地区で独占販売」の条件付きで他の日本ブランドとは比較にならない発注をしました。実はこのとき既に、コムデギャルソンはＴＯＫＹＯでは展開せず、ヨーロッパの有名ブランドショップを一つ潰して単独展開しようと決めていたからです。かくしてコムデギャルソンは、当時我々の一番のライバルだったセレクトショップ「シャリバリ」（日本ではタカキューが提携して新宿通りに店を構えたこともあります）からのオファーを断り、バーニーズと組むことになったのです。

ところが、ＴＯＫＹＯとコムデギャルソン単独ショップの設置準備を進めていると、日本から嫌な情報が飛び込んできました。ニューヨーク地区独占販売を口約束して増量発注したにもかかわらず、コムデギャルソンはヘンリベンデルにも販売する、と言い出したのです。びっくりでした。営業の担当者に理由を尋ねると、「川久保が尊敬するジーン・ローゼンバーグに頼まれたので許してほしい」とのこと。シャリバリを断ってくれたのだから、ベンデルだけは仕方ないな、と私は思いました。もちろんバーニーズの経営者の

シャリバリ
エッジの効いた品揃えで支持されたニューヨークのセレクトショップ。いち早くヨウジヤマモトを導入した。

怒りは収まりませんでした。

ココ・シャネルを最初に米国市場に紹介したことでも有名なヘンリベンデルですが、近年はデザイナー商品をたくさん仕入れることはなく、チョコレートブラウンと白ストライプ柄のバッグやポーチ類などの雑貨を大量販売してきました。これはこれで十分に魅力的でした。しかし来年初め、デザイナーの発掘でファッション界に多大な貢献をしてきたベンデルは、１２０年超の歴史に幕を閉じます。

私はあのストライプ柄の雑貨を独占契約してヘンリベンデルショップを日本に作ろうと、同社の社長と交渉するためニューヨークに出張したことがあります。「今は国内市場を固めたいから待ってくれ」と言われ、このときは諦めました。それゆえベンデルの閉店は個人的にも非常に残念です。

そして今日、シアーズが倒産準備というニュースが飛び込んできました。かつては日本の流通業界の経営者たちが米国視察のたびに多くを学んだ米国小売業の雄でした。私が渡米

人気があったヘンリベンデルのストライプ柄雑貨

した70年代には、自動車のＧＭ、フォード、石油のエクソン、コンピューターのＩＢＭと並んで全米で売り上げトップ５だった大会社が、ついに破綻するようです。

　ヘンリベンデルにしてもシアーズにしても、時代の変化、生活者の価値観の変化についていけなければ名門企業とて生き残ることは難しい。いずれ日本にもそういう日が来るでしょう。

リーバイスの復権

November 29th,2018

　２０１８年のクリスマス商戦が終わってもいないこのタイミングで、製造小売り最大手のギャップが不採算店舗のさらなる閉鎖を発表しました。

　先月、米国西海岸視察をしたとき、製造小売りブランドの大型店は軒並み「40％オフ」や「50％オフ」をエントランスに掲示していましたが、それでもほとんどのストアにお客様はいませんでした。この調子だとクリスマス商戦が終わる頃には一斉に閉店表明、あるいは倒産ニュースだろうなと思いましたが、予想よりも早くギャップが大量閉店を表明。米国アパレル関連企業はかなり深刻です。

一方、長年ギャップに翻弄されてきたリーバイスが再上場するという明るいニュースもあり、これにも驚きました。コスト削減と価格抑制で全盛期に比べてクオリティーが下がったギャップに対して、リーバイスはものづくりを真面目にやってきたのでしょう。

そもそもギャップは、リーバイスの商品を扱うジーンズショップとして1969年に誕生しました。創業者のドナルド・フィッシャー氏が自分自身のサイズのリーバイスが入手困難だったので、自らジーンズ専門店をサンフランシスコに開業したと聞いています。その後、店舗数がどんどん増え、私が渡米した77年頃のギャップはリーバイスの商品が約50％、リー、ラングラーなどその他のジーンズブランドが約25％、そしてオリジナルが25％の商品構成でした。

全米各地に店舗網を拡大した後、ギャップはオリジナル商品100％の製造小売業に業態を変更しました。これによってリーバイスは最も重要な取引先を失い、全米各地の縫製工場を閉鎖、大量の従業員解雇を強いられ、世界最大アパレルメーカーの地位から転落したのです。ニューヨークでもギャップは市内のそこら中に大型店舗があるのに対して、リーバイスはフランチャイズ店の「オリジナル・リーバイスストア」が数店舗、あとは百貨店のジーンズコーナーでしか見かけない存在になりました。

90年代の中頃、ギャップは日本に上陸し、数寄屋橋阪急（現在の東急プラザ）に1号店ができました。日本が急成長を続けていた80年代後半に上陸できなかったの

リーバイス復活の明るいニュースも

は、商標問題が絡んでいます。日本の企業がすでにギャップの名前を日本で商標登録し、婦人服店を数店舗営業していました。当然、ギャップの名前を登録していた日本のファッション企業と米国ギャップは裁判になりました。私はこのとき米国側の代理人に頼まれてギャップ側の証人となって、弁護する資料を裁判所に提出しました。裁判所が最終的にどう判断したのか詳しくはわかりませんが、米国ギャップは無事、日本市場に上陸することができました。

その頃、私は百貨店の若手バイヤーたちを連れてマンハッタン東57丁目にあったオリジナル・リーバイスストアを開店時間前に視察させてもらい、その足でサンフランシスコのリーバイス本社に交渉に出向きました。自分たち小売業と一緒に大型のリーバイスストアを日本でも展開しませんかという交渉でした。もちろん日本法人に趣旨を説明し、アポも日本法人にとってもらいました。このとき

ギャップのサンフランシスコ旗艦店

リーバイス本社の担当が、こう言ったのを覚えています。

「私たちは製造業であって小売りのノウハウはありません。米国の大型店は全て直営ではなく、各地域の小売店とのフランチャイズ契約です」

小売りのノウハウがないから自ら直営店を運営していない――己を知る真面目な会社だと思いました。私は「当方には小売りのノウハウがあります。日本で大型店を運営するなら、ボトムはこのままでよいけれど、トップスの商品をどう開発するのかが課題、一緒に研究しませんか」と言って、その日は別れました。

その後いろいろあって、結局、リーバイス大型店の共同事業化は実現せず、単なる幻の計画で終わってしまいました。自分から持ち掛けた交渉だったのでリーバイスの動向はそれ以来、ずっと気になっていたのです。一時のギャップグループのすごい勢いに、ひょっとしたらリーバイスは消滅するかもしれないとさえ思ったこともあります。それだけに、リーバイス再上場のニュースを聞いて安心しました。

私の勝手な想像ですが、己を知る真面目な会社はずっと愚直なまでにものづくりを続けてきたのでしょう。悪い表現かもしれませんが、今も昔もバカの一つ覚えのように〝501型〟を大事にしてきたことが、再上場につながったのではないかと思います。

創業者から経営を託された名物CEOのミラード・ドレクスラー氏が再建した80年代後半からずっと、米国のデニム市場を牽引してきたのはギャップグループでした。そのドレクスラー氏が退任後に再建したJクルーやアバクログループの陰で、リーバイスにはこれと言ったニュースもなく、しばらく存在感の薄いブランドだったことは否定できません。

しかし、ものづくりを真面目に続けてきた、いわば〝カメさん〟のような会社からは明るいニュースが伝えられ、一方の数社の〝ウサギさん〟たちが店舗閉鎖発表の連続で低迷しているのを見て、改めてファッションビジネスにとって最も重要なのはものづくりそのものと再認識しました。頑張れ、リーバイス。

501型
リーバイスの定番中の定番ジーンズ。1953年、映画「乱暴者」で主演のマーロン・ブランドが501を着用、若者の間でファッションアイテムとして大人気となった。今も50年代のヴィンテージ、501モデルは高額で取引されている。

ギャップ原宿店も退店

April 6th, 2019

ギャップには特別な思いがあります。１９７７年に渡米して最初に買った服はギャップオリジナルのストライプ柄ポロシャツ２枚とコットンパンツ、３点合わせて１００ドルもしませんでした。場所はマンハッタン西34丁目、エンパイヤステートビルの隣にある小型ショップ。現在のように大型店舗はまだマンハッタンにはなく、品揃えはリーバイスが約半分、４分の１がリーやラングラーなど他のジーンズブランド、残りがオリジナル商品、当時のギャップはごくありふれた普通のジーンズショップでした。

その後、ギャップはリーバイス以外のジーンズブランドの販売を打ち切り、リーバイスとオリジナル商品がおよそ半々の品揃えになり、それから徐々にリーバイスの商品比率を下げていきました。そして中興の祖ミラード・ドレクスラー氏の下で、完全な製造小売業に業態変更したのです。

あれは89年のこと。85年に帰国して以来、なかなか行くチャンスがなかったニューヨークに出かけ、ギャップの変貌ぶりに驚きました。マンハッタンの店舗数は増え、しかも大半は大型店、デニムなどのオリジナル商品は魅力的で、ＶＭＤ（ビジュアルマーチャンダイジング）も素晴らしく、特にニットの企画は理に適っていました。

日本に戻って三越ニューヨーク駐在員の第1号だった友人の山縣憲一さん（後にロロ・ピアーナジャパン社長）に「ギャップが素晴らしい」と言ったら、彼は「ウソだろ」と信じてくれません。80年代初頭のニューヨーク駐在員にはギャップの変貌は想像がつかなかったと思います。

95年に松屋に移籍した私は、以降毎年、若手社員らを連れてニューヨーク研修を行い、ギャップやその傘下のオールドネイビー、バナナリパブリックの店を頻繁に視察しました。ときにはギャップ本社にお願いして早朝に店を開けてもらい、店長からレクチャーを受けたこともあります。また、2001年の松屋の大改装に際しては、社長ら幹部とともに現地の百貨店以上にギャップグループの什器や承りカウンター、試着室、商品陳列方法、ディスプレイなどを徹底的に調べました。リニューアルの参考にしたいことがいっぱいあって、当時は本当に刺激的な小売店でした。

ギャップが渋谷の公園通りに日本での路面1号店をオープンした直後、前述した商標裁判のお礼で創業者の息子ロバート・フィッシャー氏にご馳走になりました。松屋のニューヨーク研修時に立ち会ってくれた西57丁目店の女性店長の解説が素晴らしかったと報告したら、この店長がすぐにサンフランシスコ本社に異動になった、なんてこともありました。

ギャップの日本進出に危機感を抱いた大手アパレルメーカー幹部から「対抗するためにデザイナーと組んでカジュアルブランドを立ち上げたい。仲介してくれないか」と頼まれてデザイナー周辺を説得したこともあれば、ギャップの急成長の前になかなか打開策を打てないリーバイス本社に乗り込んで「一緒にタッグを組んで日本で新しい仕組みを作りませんか」と口説いたこともあります。

それほどの脅威だったギャップが近年は毎シーズン、店舗を閉鎖し、ニューヨーク五番街の旗艦店も日本路面第1号の渋谷公園通り店もバナリパ六本木ヒルズ店も撤退、今度はギャップ原宿店の閉鎖を発表しました。米国市場では低価格のオールドネイビーを中心に事業展開するそうですが、日本市場からオールドネイビーは既に撤退し、グループの日本でのビジネス展望が全く見えません。

東日本大震災から1年が経過した12年3月、私たちは銀座の歩行者天国で〝ジャパンデニム〟をテーマに青空ファッションショーを開催しました。日本のデニムの素晴らしさを一般消費者に訴えようと近隣ストアにも参加を呼びかけ、晴海通りのギャップの店もお誘いしました。ところが、回答は「参加できません」。ドレクスラー氏が去った後、経営方針が変わり、日本製デニムを使用しなくなっていたのです。

日本製デニムを使っていない、この回答には驚きました。「自分たちが買いたくなるような良い商品を作ろう」と社員に呼びかけ企業改革に取り組んだドレクスラー氏が退任すると、商品価値よりもコストパフォーマンスを優先する経営になったのでしょう。ここにギャップ失速の根本原因があるように私は感じます。このまま行けば、家賃の高い晴海通りの店もどうなることやら。松屋の改装時にお手本にした会社ですから、ちょっと寂しいです。

2012年3月、三越銀座店と松屋銀座店がコラボし、「ギンザ・ファッションウィーク」を開催

ジャパンデニムをテーマに歩行者天国で「ギンザ・ランウェイ」

買うことの〝誇り〟を提供する

エバーレーンの刺激

November 8th,2018

　1990年代中頃、ギャップもバナナリパブリックもカッコよく映った時代に、ギャップグループの最低価格ブランド、オールドネイビーが生まれました。ニューヨークタイムズ紙の『Tマガジン』などファッションメディアは、パリやミラノのラグジュアリーブランドにあえて廉価なオールドネイビーを組み合わせ、知的コーディネイトとして紹介していました。あの頃はこういう意外な組み合わせが〝賢い〟とされ、私も米国研修の際には〝行くべきストア〟としてオールドネイビーの視察を奨励していました。

その後、ギャップグループは経営陣が交代し、マーチャンダイジング戦略が大きく変わって、オールドネイビーはただ安いだけが取り柄というブランドになってしまいました。今、グッチやサンローランらのレザーブルゾンにオールドネイビーのボトムなんてコーディネイト提案を見ることはまずありません。個人的には同グループのブランド全てが90年代の輝きを完全に失っていると思い、海外研修時でも同グループの全ショップを〝行かなくてもいいストア〟にしています。

おそらく米国では今、エバーレーンを着ること自体がカッコいい、知的、と感じる消費者が増えているのではないでしょうか。デリバリーされてきた商品に袖を通してそのクオリティーを

エバーレーンのニューヨーク店

体感し、ネットで原価の仕組み、小売価格に対する考え方、生産工場の情報をすり込まれたら、多くのお客様はこのブランドを愛用することに〝誇り〟を感じるでしょう。それはオールドネイビーが登場した頃、ラグジュアリーブランドと組み合わせることに感じた誇りとほぼ同じです。

お客様に誇りを提供する、これはブランドビジネス本来の姿です。シャネルやエルメスのような富裕層にしか手が届かない高級ブランドであろうが、エバーレーンやユニクロのような誰もが購入できる身近なブランドであろうが、ブランドとはお客様に誇り、信頼、安心を感じていただくもの。将来ずっとそうであるかはわかりませんが、現時点でエバーレーンは誇りを提供できるブランドでしょう。

エバーレーンの取り組みを凝縮した店内

エバーレーンの基本はオンラインビジネスです。小売店に納めるマージンもなければ、家賃もない、ショップ内装費はかからない、販売スタッフの人件費は不要、生産コストが高くてもネットで直接販売すれば小売上代は抑制できる。ビジネスモデルは承知していますが、果たして自分は一人の客として商品そのものや店頭に満足できるのか。そこを知りたいと思いリアル店舗に出かけました。

答えはイエス、大変感動しました。「良い商品を作っているなあ」「これこそリーズナブルそのもの」「究極の無印良品」と正直、思いました。そしてエバーレーンの服を着ること自体が「私は賢い生活者」と、お客様のプライドを満たすと感じました。エバーレーンは消費者に信頼される立派なブランドでした。

シーズン初めからバーゲンセールを連発する大手製造小売業や百貨店が増える中で生まれた、消費者のアパレル業界に対する価格不信を一掃できるビジネスモデルというだけでもすごいことでしょうが、生産現場の情報と価格の仕組みをオープンにしている点もすごいことです。

商品は世界のどこにある、どういう歴史を持った協力工場で生産しているのか。どういう経緯でその工場とつながったのか。何人の従業員が働く工場なのか。どんな技術を有する工場なのか。このようなことを写真やビデオ映像も使ってわかりやすくお客様に公開していて、妙に説得力があります。

そして価格構造の開示です。世間一般のアパレル製品の値段とはどこが違うのかわかりやすく説明していますが、これにより消費者がアパレルの原価の仕組みを知ってしまいました。変な言い方をすれば、エバーレーンはファッション流通業界の裏切り者、「一人だけ良い子をしやがって」でしょう。原価の仕組みを公開されてしまった以上、一般のアパレルや製造小売業は「私たちはそんなに儲けていませんよ」といくら弁解しても、消費者は耳を貸してくれません。

サンフランシスコやシアトルで大半の百貨店のファッションフロアやSPAのメガストアが総じてヒマだったのも、価格構造を知ってしまった消費者がファッションに対して無気力・無関心になってしまったからではないでしょうか。お客様の関心を取り戻すには、価格とクオリティーのバランス改善、価格と価値の正当性を示すしかありませんが、従来型のビジネスモデルでは改善は不可能に近いと言わざるを得ません。B（供給側）とC（お客様）の間の距離をどのように短縮するか、あるいは中間マージンをどのように下げて価格とクオリティーのバランスを図るのか、そこが問題です。

究極の構図は、ファクトリーが自主企画したものを無店舗販売で消費者にダイレクトに届けることです。つまり、ダイレクト・トゥ・コンシューマー（D to C）。食の世界で例えるならば、農場が安全安心の有機栽培で生産し、自らネット通販で消費者にデリバリーするだけでなく、自主運営のカフェやレストランでおいしい食事としても提供する。これは極端なBとCとの短縮構図ですが、これに近いことがファッションの世界でどうやれるのか。

エバーレーンのリアル店舗で実際に商品に触れて以降、「これからのファッションビジネスはどうあるべきなのか」「アパレル企業は、小売店は、これからどうすれば生き残れるのか」「日本に同じ

ダイレクト・トゥ・コンシューマー（D to C、D2C）
自社企画・製造による商品を消費者に直接、ECサイトなど自社のチャネルで販売するビジネスモデル。

ようなブランドは生まれないのか」で私の頭はいっぱいです。寝ても覚めてもエバーレーンの店頭で受けた衝撃が脳裏から離れません。

明日の私的勉強会ではエバーレーンがテーマ、参加者には事前に資料を配信しました。みんなの意見を聞いてみたいです。

ここまで開示するのか

November 19th,2018

大半のアパレルメーカーやラグジュアリーブランド企業はこれまで、生産現場の情報を消費者に開示してきませんでした。どこの生地メーカーや縫製工場を使っているのか、生地代や縫製工賃はいくらか、関税と運送料はいくらか。まず公開しないのが業界の暗黙のルールでした。しかし、エバーレーンは違います。同社のサイトをご覧になった方はおわかりでしょう、開示されている情報がハンパない、この透明性に多くの消費者は安心します。

原料代 17・26ドル
付属代 0・70ドル
縫製工賃 13・04ドル
関税 4・96ドル
運送料 1・50ドル
実際の原価 37ドル
自社小売価格 95ドル
一般的小売価格 185ドル

原価も情報開示

このように、商品ごとに原価を細かくサイトで公開しています。

海外生産拠点で作っているセーターの場合、製造原価が37ドル、小売価格は95ドルですから、原価率はおよそ39％。業界常識からすれば効率の悪い原価ということになります。

一方、一般的アパレル企業の推定小売価格は１８５ドルと記載され、原価率20％の計算になっています。しかし今、アメリカのほとんどの企業は原価率20％以下でしょうから、実際のところ販売価格は１８５ドルどころではなく２００ドルはするはず。エバーレーンは基本的にオンラインブランドですから、店の家賃や什器代、内装施工費、ショップスタッフの人件費も不要、だから原価率40％前後でも十分に利益を出すことができます。

ＳＰＡ企業、百貨店、量販店、セレクトショップは店を構えてのビジネスですから、原価率40％をベースに小売価格を設定することは絶対に不可能です。こんな低いマークアップでは潰れてしまいます。しかし、エバーレーンの原価データを見て商品を手にしたら、業界の仕組みを知らない一般消費者はどう思うでしょう。エバーレーンは良心的、既存小売店はマージンを取り過ぎ、そう感じたらシーズン立ち上がりにプライスタグのプロパー価格で買い物はしません。

ここ数年、米国SPAブランドのセール時期があまりに早く、しかもディスカウント率が40％や50％と大幅値引きしています。先月の西海岸視察でも、SPAブランドのほとんど全ての店のエントランスでデカデカと「50％オフ」と謳（うた）っていました。推測ですが、エバーレーンの原価情報開示が少なからず影響し、もう値下げ以外に打つ手はないのかもしれません。

しかも悲しいことに、どの店も大幅ディスカウントをしているにもかかわらず、お客様の姿がほとんどありません。いずれも大型店なだけに悲惨な光景でした。この状態のままクリスマス商戦を終えたら、年明けは閉店ラッシュあるいは全店閉鎖してオンライン通販に専念という会社が増え、郊外モールのゴーストタウン化はさらに拍車がかかって、アメリカの消費社会を支えてきたビジネスモデルは完全に崩壊です。

ベーシックなアイテムを適正価格で提案（エバーレーン）

アメリカの製造小売業界をリードしてきたエル・ブランズ（旧リミテッド）はレギュラー店舗を閉鎖してオンライン通販に専念すると宣言したそうですが、このまま大型店の閑古鳥状態が続けば、どんな企業もオンライン通販とアウトレットモールでの店舗展開しか生き残る方法はないでしょう。そして、アメリカで起きている現象は近未来の日本を含め世界各国に波及するのは間違いありません。

価格競争と行き過ぎた原価抑制とは一線を画してきたラグジュアリーブランドや、他社とは明らかに違うものづくりをしてきた一部のファッションブランドには別の道があるかもしれませんが、世界のファッションビジネスは歴史的転換点を迎えました。

エシカルであるという覚悟

ファッションとサステイナブル

January 18th,2019

数シーズン前の東京コレクション会期中、ウールマーク英国本部が協賛するドキュメンタリー映画「スローイング・ダウン・ファストファッション」の試写会がありました。ミュージシャンのアレックス・ジェイムズ氏が大都会から自然環境のいい田舎に移住して暮らし方に目覚め、ファッションは門外漢ながらファストファッションの作り手と使い手の問題に迫った興味深いドキュメント映画でした。

先日行われたパーソンズのファッションデザイン学部長バラク・カクマク氏とのトークショーは、「ファッションとサステイナブル」がテーマでした。対談に向けてこの映画をもう一度観たいとネット検索したところ、アマゾンプライムで簡単に観ることができました。もしもご覧になっていないなら、ぜひアマゾンプライムで検索してください。64分の短いフィルムです。

近年、クリーニング代金がバカにならないので、安いファッション商品を購入して使い捨てる暮らしが広がりました。食品購入時には原料や原産国を気にかけるのに、衣料品となると原料も原産国もあまり気にかけない消費者は多くいます。自分が捨てた衣料品がどうなっているのかまるで関心がなく、自分が地球環境に悪いことをしているという意識も全くありません。

一方の供給側は、人口の数十倍の枚数のファッション商品を毎年生産し、売れ残りは大量に廃棄処分します。安く生産するため、低賃金労働者を確保できる後進国で劣悪な環境のもと働かせる。世界

パーソンズのカクマク学部長と

的にクローズアップされたバングラデシュの縫製工場の崩落事件がその象徴です。ごみ処分場はどこもキャパシティーオーバー、土に戻らないケミカル繊維は行き場がなく、プラスチックごみと同じ問題を抱えています。海に流れ出たプラスチックごみをエサと勘違いして魚が食べ、その魚を人間が食べるので人体に影響が出ます。

アレックス・ジェイムズ氏は、ファストファッションの周辺、テキスタイルや縫製工場、ごみ処分場などを消費者目線で自ら取材し、関係者の声を拾い、現在の使い捨てライフスタイルがいかに地球環境に悪いことなのか、いかに愚かなことなのかを一生懸命説いています。ファッションの専門家でもジャーナリストでもない人なのに鋭い切り込み、とても説得力があります。

ファストフード店やスターバックスでは最近、プラスチックのストローやカップに代わる原材料を研究しています。ファストファッション店でもショッパーをビニール袋から再生紙に替える会社があり、地球環境の保全を意識する企業は増えつつあります。しかし、一番は何と言っても服を作り過ぎない、捨てない、ファッションを

バングラデシュの縫製工場の崩落事件
世界最貧国の一つでコスト抑制に走る大手ファッションメーカーが低賃金重労働を課し、アパレル製品を大量生産していた。が、重量オーバーで工場の床が崩落し、多数の死者が出た。以来、メディアや人道支援団体のブラック企業追及が止まらない。

大事に扱うことでしょう。

カクマク学部長との対談テーマはファッションとサステイナブルでしたが、パーソンズでは教育現場にサステイナブル精神を持ち込み、将来デザイナーになって産業界で活躍する若者たちに持続可能なデザインを意識させているそうです。学部長は、真っ先に商品企画を考案するデザイナーが地球環境の保全を意識しないといけないと断言、さすがです。

対談でその動向が気になる企業やブランドとしてカクマク学部長が挙げたのは、スポーツのクロマットというブランドでした。聞いたことのない名前だったのでサイトを検索したら、こんなメッセージがありました。


クロマットは、ニューヨーク市とブルガリアのソフィアにある安全で倫理的で公正な賃金の工場で生産されています。私たちは、健康的な地球を確保しながら、革新的な水着やボディウェアをデザインすることに取り組んでいます。私たち

クロマット
ビヨンセやマドンナが愛用していることで一躍有名になったスポーツ系ニューヨークブランド。太ったモデルもあえて起用し、いかなる体型の女性にもフィットすることを訴求している。2017年、ヴォーグのデザインファンドを受賞、今後の活躍が期待されている。

の水着は、持続可能なエコニールで作られています。漁網から紡糸された再生ナイロンと、世界の海から回収された消費後のペットボトルです。エコニールは、ヘルシーシーズと協力して世界の海から160トンを超える漁網を取り除き、他のナイロン廃棄物と一緒にそれらを糸に変えました。ナイロン糸は閉ループ内で製造されるため、品質を損なうことなく無限にリサイクルできます。

〝スポーツ〟と〝サステイナブル〟は、ファッションの世界でこれからしばらく続きそうな重要テーマですが、この新興企業はしっかり取り組んでいます。だから学部長は名前を挙げたのでしょう。我々も今後、その動向をマークしなくてはと思います。

私はサステイナブルという視点で注目する日本企業として、山形県鶴岡市のスパイバーを挙げました。同社はタンパク質から〝クモの糸〟を作るベンチャー企業で、すでにノースフェイスと商品開発を進めています。スパイバーがこの地球環境に優しい繊維を安定供

スパイバー
化学繊維に代わる新しい繊維としてタンパク質から〝クモの糸〟に似た糸を大量生産するベンチャー企業。山形県鶴岡市に本社工場があり、大きな飛躍が期待されている。スポーツウェアのノースフェイス、パリオートクチュールのユイマ・ナカザトとコラボしている。

給でき、主要ブランドの多くが採用すると大きな流れが生まれるかもしれません。

地球環境の保全を意識したものづくりと商品企画、エシカルファッションはこれからますます重要です。

セールと廃棄

June 29th,2019

〝持続可能〟は、ファッション流通の世界でも急速に重要視され始めました。日本ではコンビニのレジ袋を有料化するそうですが、たった数円で「袋は要らない」と言う人が増えるかどうか。早くビ

ユイマ・ナカザトのオートクチュールとコラボした「スパイバー」

ニールに代わる袋を用意すべきではないでしょうか。もちろんみんながエコバッグ持参で買い物をするのがベストなのでしょうが。

先月、大阪で行われた「繊維・未来塾」で面白い若者に会いました。いわゆる〝バッタ屋〟、アパレルメーカーがセールの後に廃棄処分する商品や試着販売ユニフォームとしてスタッフが着用した服を超安値で引き取り、国内外で破格の値段で売りさばく、あるいは低開発国に無償提供している人です。

先日、この経営者と東京でお会いし、どういう処分をしているのか詳しく話を聞きました。直近では米国大手SPAのジャパン社から何と100万点もの処分品を引き受けるそうです。もし彼の会社がなかったら、このジャパン社は商品の一部をごみとして廃棄処分するのでしょうか。それにしても1社で100万点の廃棄とは、とんでもない数字です。

スターバックスコーヒーなどのカフェのプラスチック容器やストロー、コンビニのレジ袋と同様、アパレル製品の大量廃棄処分についても真剣に考える時期にきています。フランスではついに行政が

繊維・未来塾
素材メーカーから商社、アパレル、小売店、さらには繊維機械メーカー、大学などが一体となって、企業間、地域間交流、産官学連携を進め、メイド・イン・ジャパンの新たな基盤を築き、世界に発信していくための学びの場。一般社団法人日本繊維機械学会が運営。

乗り出してアパレル企業の廃棄処分を禁止する条例が出るとか。サステイナブルな暮らしが各国でどんどん広まると、アパレルメーカーや小売店は新品を廃棄処分できなくなり、リセールビジネスは今後さらに伸びると思います。

でも、地球環境を守るための一番の方法は商品を作り過ぎないこと、製造または小売企業が最後まで責任を持って商品を売り切ることです。ファッション業界は長い間、アパレル商品や当分使う予定のない素材を安易に捨ててきました。廃棄業者のトラックが持ち去った商品や未使用の生地がどういう道をたどるかは、われ関せず。ごみの巨大な山から海に流れることを想像したことはないでしょう。

しかし、実際には大量の衣料品が世界のあちこちの海を漂流しています。捨てられた大量の服が沿岸部に打ち寄せられているドキュメンタリー映像を観たとき、ただただびっくりしました。こういう強烈な映像を生産者にも消費者にも見せて、服や生地は捨ててはいけないと自覚させるべきでしょう。

リセールビジネス
矢野経済研究所によると、2019年の日本のファッションリユース（中古）市場は小売金額ベースで7200億円と推計され、年々伸びている。アメリカは現時点で2兆円超、これも伸び続けている。

さて、今日の本題は廃棄処分ではなく〝セール〟です。近年は春シーズンあるいは秋シーズンの立ち上がり後すぐに店頭エントランスやウインドーに「ＯＦＦ」の表記を掲げる店が少なくありません。特に大手ＳＰＡは早期セールが恒常化していますが、こんなことをやっていては、消費者は価格不信をますます深めるだけ。プロパー価格で新作を買う気になどなれません。業界全体のプロパー消化率がものすごく悪くなったのは作り過ぎと早期セールに原因があります。

セールそのものが悪いとは思いません。ファッションビジネスにセールはつきものです。生産した全ての商品が完璧にプロパーで売れるはずはありませんから、有名ブランドの商品でもセールは避けて通れません。セールをどのタイミングで行うのか、何％割引するのかは考えねばなりませんが、ブランドビジネスにとって一番肝心なこととは「セールを雑に、汚い状況の中でやらないこと」、と私は言ってきました。ブランドのイメージを守るためにも、バーゲン丸出しの様相でやってはいけないと思うのです。

実売期にショップ入り口でセールの告知

セールになると、なぜか店頭用ではなくデリバリー用の安っぽいハンガーに服を掛け、ハンガーラックに服をぎゅうぎゅう詰めにする。ブランドのショッパーは原価が高いからか、ゴミ袋に毛の生えたような無地ビニール袋に商品を入れてお客様に渡す。お客様に失礼じゃないですかね。セールであろうがプロパーであろうが、買ってくださる方は全て大切なお客様、デリバリー用ハンガーと無地ビニール袋とはいただけません。

百貨店の売り場では他ブランドと同時期にセールをするのに、路面直営店ではセールをやらない、これもおかしな話です。セールはいけないことですか。セールは恥ずかしいことですか。セールはブランドイメージを下げるのでしょうか。それは違います、要はセールのやり方なのです。路面直営店の常連様はセールで購入する機会もなければ、ハウスカードの値引きサービスも得られないのがほとんどです。直営店でのショッピングでは何の特典も得られない、これでいいのでしょうか。百貨店で購入すればハウスカード割引またはポイント付与がありますし、シーズン末のセール案内も届きます。が、直営店の多くはこうしたサービスがありません。これは明らかに不平等であり、直営店の常連様にも百貨店顧客と同じような特典があるべきでしょう。

ブランドの直営店ではセールの表記にもひと工夫ほしいです。ウインドーに貼るSALEの文字が大きくてもいいじゃないですか。その代わり文字もウインドーもデザインされた美しい状態であれば、ブランドイメージは保てるはずです。

くどいようですが、セールだからと雑な商品の並べ方や安っぽい袋に入れることをブランド側は恥じるべきであって、セール自体は決して恥ずかしいことではありません。直営店でセールをやることがブランド価値を下げるわけでもない。仮りにセールでブランド価値が下がるのなら、そもそもブランド価値なんてないのでしょう。

余剰商品をアウトレット店で販売することも恥ずかしいこととは思いません。捨ててしまうよりはマシです。全国津々浦々のモールにアウトレット店を出店することや、アウトレット用に手を抜いた低価格商品をわざわざ作って売ることには疑問を感じますが、アウトレットで最終処分する代わりに、いっさい廃棄処分にしないことのほうが志は高いと思います。シャネルやグッチ、サンローランだってアウトレット店はありますが、これらハイエンドブランドのイメージは低くなったでしょうか。そんなことありません。アウトレット店であっても、シャネルはハンガーラックにぎゅうぎゅう詰めに商品を並べず、それなりにハイエンドなイメージを保っています。

皆川明さんのミナペルホネンは余った生地でクッションを作り、生地そのものも販売しています。愛情を込めて織物工場と一緒に作った布を廃棄処分にしないためでもあります。これからは作った生地や服をごみとしてサッサと捨てる行為こそがブランドとして恥ずかしい。セールであろうが、アウトレットであろうが、廃棄処分しないで最後の1枚まで、数センチの生地まで売り切る姿勢がカッコいいと考えるべきではないか。

毎年、決算前に廃棄トラックを手配して生地や服をドカーンと捨てる会社がなくなれば、地球環境はもっ

ミナペルホネン展覧会「つづく」

と良くなります。廃棄には断固反対。

急進する〝サステイナブル〟

July 24th,2019

今月初め、パリ出張の際にプラダのフォーブルサントノーレ店に立ち寄りました。ショップに入ってすぐ目につく棚とガラステーブルに新しいカジュアルバッグがズラリと並んでいました。販売員によると、2021年には従来からのナイロンバッグは完全に製造中止、今後は「この再生ナイロン(Re-Nylon)に移行する予定」と説明してくれました。長年プラダのナイロンバッグを愛用してきた私にはちょっぴりショッキングな話です。

帰国して顔馴染みのプラダの販売員にそのことを話したら、従来の〝プラダナイロン〟廃止のことはまだ本社サイドから知らされていない、と。そこで同社のサイトを開いたら、以下の文章がもう記載されていました。

Re-Nylon は、本当の意味で永遠に存続するものとして、「タイムレス」の概念を見直します。

Re-Nylon は、2021年末までにプラダのすべてのバージンナイロンを再生ナイロン繊維ＥＣＯＮＹＬ®に転換することを最終目標とした、完全なるサステナブル化の実現に向けた大胆な取り組みです。そこには、社会への価値還元という考えを日常に取り入れながら、持続可能なバランスを目指す企業文化の促進に重点を置くプラダ・グループの姿勢が反映されています。

織物用糸を生産するアクアフィル社とのパートナーシップにより採用されたＥＣＯＮＹＬ®は、海から集められたプラス

プラダナイロン
より多くの人にブランドの魅力を広めようと、プラダは丈夫で撥水性に優れた工業用のナイロン生地「ポコノ」を採用。これで作られたバッグがブームとなり、その素材はプラダナイロンと呼ばれるようになった。

チック廃棄物、漁網、繊維廃棄物を再利用、浄化して作られています。解重合と再重合のプロセスによって、ECONYL®の糸は、品質を損なうことなく無限にリサイクルできます。

意識向上と責任の重要性に対する裏付けとして、プラダRe-Nylonカプセルコレクションの売り上げの一部は、環境の持続可能性に関連するプロジェクトに寄付されます。またプラダは、ユネスコとのパートナーシップにより、数カ国の学生が参加するプラスチックと循環経済をテーマにした授業計画を実行し、学生にインスピレーションを与える教育活動を展開します。このプログラムのアプローチは学習と行動の2つを軸にしており、学生が考案した啓発活動が成果の1つとなる予定です。

プラダの覚悟を感じました。正直言って再生ナイロンは少しゴワゴワしていて、個人的にはこれまでのプラダナイロンの触感のほうが好きですが、地球環境のことを考えればプラダの決断は受け入れなければならない、愛用者としては賛成すべきでしょう。

　エバーレーンもサステイナブルなものづくりを目指し、近未来に化学繊維の採用を廃止すると宣言しています。また、今年に入ってフランス政府は売れ残った衣料品の廃棄を禁止すると発表しました。これまで大量生産、大量販売、大量廃棄をしてきたファストファッションブランドまでもが一斉にサステイナブル路線にシフトしています。これからファッションの世界は捨てない、地球を汚さない方向にどんどん進みそうです。

　早くから地球環境の保全を謳ってきたパタゴニアのサイトも覗いてみました。そこには、ものづくりの姿勢や労働環境に対する独自の考え方について、次のような丁寧な記述がありました。

■化学薬品と環境インパクトのためのプログラム

　パタゴニアのフットプリントの主要部分を占めているのが素材のサプライチェーンです。パタゴニア製品の製造には大量の水とエネルギー、そして化学薬品を要するため、サプライヤーの操業は環境や工場労働者、さらに消費者を保護するために管理されなければなりません。そこで世界中のサプライチェーンにおいて化学薬品と環境への影響を管理するよう、パタゴニアは化学薬品と環境インパクトのためのプログラムを開発しました。このプログラムは環境管理システム、化学薬品管理、廃棄物管理、水消費と排水、エネルギー消費、温室効果ガスやその他の大気排出の全側面をカバーし、地元の法律を遵守することだけでなく、最も厳格な国際消費者製品基準に遵守することを要求します。さらにベストプラクティスを実行するサプライヤーを環境に責任を持つサプライチェーンのパートナーとして認識することにも役立ちます。

パタゴニアの化学薬品と環境インパクトのためのプログラムは2000年以来、私たちがブルーサイン・テクノロジーズと共同で取り組んで来た仕事を足場としています。パタゴニアは2007年には現在300社以上もの製造業、ブランドと化学薬品サプライヤーを誇るブルーサイン・システム・パートナーに公式に参加した最初のブランドとなりました。私たちはこれらの多くの会社がパタゴニアのサプライヤーであること、そして彼らが資源を節約し、化学薬品の影響を最小化することで環境への影響を継続して改善させてゆくというパタゴニアの忠誠に協調してくれていることを誇りに思います。

また昨日、テキスタイルデザイナーの須藤玲子さんから、日本における再生繊維の現状と日本環境設計株式会社が推進する「BRING／回収プロジェクト」のことを教えてもらいました。

何でも、大手繊維メーカーが再生ポリエステルや再生ナイロンの工場を中国に建設してペットボトル繊維などの再利用を進めていたところ、中国政府が再生用原料の輸入を規制したため工場は完全にストップしてしまった。しばらく機械を動かしていないので錆(さ)びついてしまって工場の再稼働は難しいかもしれない、と。中国政府にすれば「資源ごみを中国に送ってくるな」ということなのでしょう。その流れで回収プロジェクトの存在を教えていただいたのです。

日本環境設計株式会社
あらゆるものの循環を目的に、繊維製品などのリサイクルプロジェクト「BRING」の企画・運営、再生プロダクトの製造・販売に取り組んでいる企業。循環させることでエネルギーや素材としての石油の使用量が減り、二酸化炭素の排出削減に寄与するあり方を追求している。

それがきっかけで、日本環境設計のサイトを見ました。こんなに重要な仕事をしている企業があるとは知りませんでした。回収プロジェクトの趣旨に関わる部分を引用します。

世界中でつくられている衣料品、その6割（毎年約4500万トン）は石油由来のポリエステル原料でできています。BRINGは古着を服の原料にすることで、石油の使用削減に貢献します。日本国内でも年間およそ170万トンの繊維製品が廃棄され、そのうちおよそ8割が焼却もしくは埋め立てされています。まだまだリサイクルは進んでいないのです。わたしたちはこんなかわいそうな繊維製品をリサイクルにつなげます！

BRINGは、繊維製品を地球の資源へとリサイクルするために、様々な企業同士が連携し、お客さまと一緒になって取り組むプロジェクトです。〝リサイクルしたいお客さま〟と〝リサイクルしたい企業〟をつなげ、リサイクル活動を広めたい、それがわたしたちBRINGの願いです。

プロジェクト参加企業は、お客さまが店頭などに持ち込んだ繊維製品を回収します。回収した繊維製品は、使えなくなってしまった物は服のポリエステル原料やジェット燃料、バイオエタノールなどにリサイクルし、まだ使える物は寄付やリユースしています。

中国で再生ができないとなると、日本国内に再生ポリエステル、再生ナイロンの生産工場を造るしかありません。加えて、ストップ・ファストファッションの奨励、過剰生産の中止、廃棄処分やごみの削減はとても重要であり、そのためには私たち一人ひとりが消費意識を変えないといけません。長い間、服や生地をバンバン捨ててきた日本のファッション企業は、考えを改めないと取り残されてしまいそうです。時代は変わりました。

Perspective

一人ひとりの心に響き、生活を豊かにする〝文化のチカラ〟を売り場に

大恐慌時代の文化政策

中国武漢市から世界中に広がった新型コロナウイルス感染、イタリア、フランス、イギリスなどのヨーロッパ諸国やアメリカでも感染者や死者が急増し、厳しい外出禁止が発令されました。ほとんどの商店や飲食店が休業を余儀なくされ、一般企業ではリモート勤務となり、証券市場は急降下、世界経済は大混乱に陥っています。2008年のリーマンショックよりも事態は深刻であり、1929年の世界大恐慌、あるいはそれより悪いと発言する経済の専門家もいます。

私たちは小中学校の社会科や高校の世界史の授業で、世界大恐慌とその後にフランクリン・ルーズベルト大統領が推進したニューディール政策のことを学びました。不景気からの救済策としてテネシー川流域の開発や土木工事など大規模な公共事業が行われたと教科書には書いてありましたが、ニューディール政策にはもう一つ、失

業対策として文化事業の柱もあったとは教わりませんでした。

ニューディール政策の文化事業は、〝フェデラルワン（連邦計画1号）〟という芸術家を救済する特別プロジェクトでした。このプロジェクトには「連邦作家計画」「連邦劇場計画」「連邦音楽計画」「連邦美術計画」がありました。様々な領域の芸術文化に関わる人材に仕事を与え、彼らの生活を救済する国家プロジェクトです。このときには芸術活動や団体への寄付に対する税務控除制度も設けられ、芸術支援の精神は今もアメリカ社会に根づいています。

例えば、連邦美術計画では大勢のデザイナーやアーティストが雇用され、絵画、彫刻、ポスター、壁画など20万点が制作され、公共機関や学校、病院などで掲示され、多くのパブリックアートが生まれました。20世紀の米国美術史にその名を残すジャクソン・ポロックやウィレム・デ・クーニングは、同計画によって支援された作家です。

連邦音楽計画は作曲家や指揮者、音楽家

ニューディール政策の一つ、連邦美術計画のポスター

を救済し、経済的に困難な時期に国民に安らぎを与える癒しプロジェクトでした。全国各地にオーケストラを創設し、音楽教室や音楽会を提供する一方、各地で音楽祭を主催しました。コンサートは低料金あるいは無償で行われ、子供たちが音楽教育を受けられるようにしました。

劇作家、映画監督、俳優や舞台美術の人材を支援し、後のハリウッド映画産業やブロードウェイミュージカルの発展の基盤となったのが、連邦劇場計画でした。演劇、ダンス、ミュージカルに出資し、不況で食えなくなった彼らに出演の機会を与えたプロジェクトです。オーソン・ウェルズ、アーサー・ミラー、エリア・カザンなど、後に米国の演劇界や映画界を背負って立つ人材にチャンスを与えました。当時はまだ強烈な人種差別の時代でしたが、同計画では既に黒人俳優も雇用されていたのは驚きです。

私たち日本人の多くが知らないニューディール政策のアナザーストーリー、世界大恐慌の後にこういう粋な経済刺激策が施行されたのです。

それによって多くの文化人材が救われ、フェデラルワンの精神は戦後のアメリカ社会で引き継がれ、映画や音楽など世界から外貨を稼げる文化産業が育ちました。と同時に、歴史的不況の中で米国民は文化を楽しみ、文化に癒され、文化活動に参画する意識を持ち、映画や音楽産業を支えてきたのです。

クリエイションへの期待

新型コロナ禍で経済活動がストップするや、ドイツやイギリスなどのヨーロッパ諸国ではいち早く様々なジャンルのアーティストたちを経済的に支援する具体策が発表されました。戦前のフェデラルワンと同じレベルではありませんが、コロナ対策でアーティスト支援に動いたヨーロッパ各国政府の政治的判断は素晴らしいと思います。

外出禁止、自宅就労など息苦しい市民生活を強いられ、感染するのではないかという不安もある中で、人々は精神的なゆとり、安らぎを求めます。欧米の政府が文化事業を支えるのは、困難な時期だからこそ〝文化のチカラ〟が重要と考えるからでしょう。世界大恐慌の後にニューディール政策で国民に精神的なゆとりをもたらした米国の事例に倣(なら)ったのかもしれません。

ファッションは間違いなく不要不急のものであり、生活必需品ではありません。消費者のニーズを満たす生活衣料とは違い、ファッションはウォンツ、消費者の心に響く文化であり、ファッション産業は文化産業と言えます。新型コロナに直面して疲れ切った人々の心に響くクリエイション、生活に潤いを与えてくれる文化のチカラが、これまで以上に求められるのではないでしょうか。コロナ後を考えるとき、私たちは作り手、売り手の構造改革や流通革新と、次のビジネスモデルのことばかり考えがちですが、消費者の微妙な心理変化にもっと目を向けるべきかもしれません。

人々は感染恐怖を体験して生活全てにおいて安全・安心を強く意識する一方、消費テンションを上げてくれるクリエイションへの期待もまた大きくなります。サステイナブルへの関心はさらに高くなり、シーズンレス、タイムレスな価値あるものに惹かれる、あるいは開示される商品情報の背景にある物語に価値を見出す消費者が増えてくるような気がします。作り手にはこれまで以上にクリエイションと価値の裏づけが求められ、それらを実感できるクローズドでアクセスしにくいタッチポイントが歓迎され、これまでの売り場にはほとんど意味がなくなるかもしれません。

　メジャースタジオが配給する映画を映画館で観る暮らしが、ネット配信会社が制作した新作映画を自宅で観る世の中になってきています。レコードやＣＤは売れなくなり、音楽はダウンロードが基本、アーティストはライブ活動とそこでの物販で収益を上げる道しかなくなり、今度はコロナの影響で観客を集めるイベントすら困難に陥り、次の手を考えなければならなくなりました。でも、作品の伝え方や楽しみ方は変わっても、音楽や映画は人々の心に響き、生活に潤いを与えます。ファッションの世界でも、売り方は変わってもクリエイションの重要性は決して消えるものではありません。

May 23rd, 2020

第3章
デザイナーとブランド

ブランド固有の世界観を創るデザイナー。しかし、あえてその確立された世界観を塗り替えようとする後継デザイナーも登場、議論を巻き起こすケースは少なくない。デザイナーのクリエイションとブランドの世界観、両者のバランスを見極める〝目利き〟の存在がやはり不可欠だ。

改めてブランドの意味を問う

ディレクター型か、アーティスト型か

July 17th,2018

朝早く、まだほとんどの店がオープンする前、有名店が立ち並ぶロンドンの中心街、リージェントストリートあたりをぶらぶら歩きました。サビル・ロウの角のアバクロンビー&フィッチ、リージェントストリートのホリスターは意外にもまだ健在で、コンディットストリートのヨウジヤマモトも昔のまま店を構えていました。ロンドンは頻繁に家賃が上がるので、同じ場所でずっと店を構え続けるのは大変なことです。素晴らしい。

リージェントストリートで足が止まりました。カールラガーフェルドの店は、失礼ながら「まだビジネスをやっている」と思いました。カールはシャネルと30年以上、フェンディとは50年以上仕事を続け、今も新作ファッションショーでは大勢の観客をうならせます。二つのビッグメゾンを兼務して安定したコレクションを発表し続けるなんて普通は無理、天才はどういう思考回路なのだろうと尊敬します。

その天才カールですが、自身のブランド「カールラガーフェルド」となると、パートナーが代わったり、ブランド名を変えたりと試行錯誤を繰り返し、シャネルやフェンディのような安定した評価は得られていません。厳しい言い方をすれば、自身のブランドの方向性、世界観がなかなか伝わって来ないのです。カールラガーフェルドのブランドイメージ、みなさんは思い浮かびますか。

この日のウインドーには、ちょっとコミカルなバッグが飾ってありました。ファッション事情通ならば誰もが見た瞬間にモチーフはカール・ラガーフェルド本人とわかるでしょうが、カールの目指し

カール・ラガーフェルド
オートクチュール協会主宰のデザイン学校でイヴ・サンローランと同級生。1970年代にクロエのデザインで脚光を浴び、フェンディやシャネルのデザインを手がけ、不動の地位を築いた。が、自身のブランドはなぜか大成功とは行かなかった。

ている世界観、テイストを一言で表現するとなると、果たしてこのコミカル路線なのでしょうか。個人的には尊敬しているのですが、30年間にわたってカール自身のブランドの世界観はずっとわからぬままなのです。

ファッションデザイナーには大きく分けて二つのタイプあると思います。ブランドコンセプトが決まっていてその枠の中で素晴らしい仕事をするタイプと、全くの自由演技でこそ本領を発揮するタイプです。前者は、どちらかと言えば〝ファッションディレクター〟的才能であり、ブランドのコンセプトを守りつつ時代の流れをくみ取ってコレクションを組み立てられるデザイナーです。後者は、世の中がどう変わろうと我が道を行く〝アーティスト〟。どちらが偉いということではなく、単にデザインワークや発想の仕方が違う、と私は受け止めています。

カールはフランスのオートクチュール組合が運営する学校でイヴ・サンローランと同級生でした。修了時点で世界に早く認められたサンローランに対して、カールは後れをとりました。彼がにわか

カール・ラガーフェルド氏

店頭には自身がモチーフのバッグが…

に脚光を浴び始めたのはクロエに関わってからです。遅咲きの才能と言ってもいいでしょう。クロエで成功を収めた後、１９８０年代初頭に低迷していたシャネルに抜擢されて評価は一段と上がりました。

でも、カール自身のブランドが彼の手がけたシャネルやフェンディと同じように高評価されたことはほとんどありません。コレクションの一点一点にはそれなりの完成度はあるのでしょうが、ブランド全体のインパクトとなると意味不明のように感じます。カールは前述した優れたファッションディレクター型のデザイナーなのでしょう。

老舗ブランドがデザイナーを招聘し、次々にブランドが再生していった90年代後半、マーク・ジェイコブスはルイ・ヴィトンを、マイケル・コースはセリーヌを、ナルシソ・ロドリゲスはロエベを、マルタン・マルジェラはエルメスを、自分のブランドを持ちながらブラッシュアップしました。このあたりから外部デザイナーを招聘し、低迷するブランドに新たな息吹を注入する方法論が欧米ファッ

マーク・ジェイコブス
パーソンズ校卒業後、オンワード樫山USA、ペリーエリスのデザイナーを経て独立。その後ファッション分野に進出するルイ・ヴィトンのクリエイティブディレクターにも就任、世界的に活躍するデザイナー。

マイケル・コース
FIT卒業後にデザイナーとしてデビュー。ファッション分野に進出するセリーヌのクリエイティブディレクターに就任、セリーヌの再興に尽力した。セリーヌを退いた後は自社に専念し、雑貨部門を強化して巨大企業に成長。

ナルシソ・ロドリゲス
キューバ人の子としてニュージャージー州で生まれる。パーソンズ校卒業後にカルバンクラインを経て、

ション業界に広がりました。その一方で、迎えたデザイナーがブランドの持ち味を発揮することなく解雇されるケースも増え、デザイナー交代のたびにブランドの世界観が揺らぐケースも増えました。

ラフ・シモンズが初めてデザインしたときのディオール

エディ・スリマンがサンローランに、ラフ・シモンズがディオールに起用されて初めてのパリコレでのことでした。まるで映画「プリティ・ウーマン」のようなサンローランのコレクションは賛否両論で、米国大手百貨店の社長たちは唖然とした表情で視察していたのを鮮明に覚えています。この路線を続けることをサンローランの経営陣は許すのか、それともエディは早々に解雇されるのか。果たしてどちらだろうと思っていましたが、エディだけでなくディ

カシミヤのTSEやロエベでデザインを担当。カルバンクライン社勤務の女性がケネディジュニアと結婚する際、ウエディングドレスを提供して脚光を浴びた。

マルタン・マルジェラ
アントワープ王立芸術アカデミー出身、「アントワープの6人」の一人、ゴルティエのアシスタントを経て1988年に独立してパリコレデビューし、脚光を浴びた。97年からエルメスのデザインも。しかし2008年からは引退状態である。

エディ・スリマン
ルーブル美術学校で美術を学び、サンローランオム、ディオールオムを担当、タイトなシルエットで人気を博す。その後、サンローランと契約したが契約途中で解除さ

オールのラフも、バレンシアガのアレキサンダー・ワンも、早い退陣でした。

自分のブランドを成功させたデザイナーを迎えたら、誰でも他社ブランドを再生できるとは限りません。要は、ブランドの世界観を理解、尊重して継承し、その枠の中で仕事をしてくれるファッションディレクター型デザイナーなら成功確率は高いでしょう。しかしながら、自分自身の世界観を既存ブランドに注入したがるアーティスト型は、どれだけ才能があろうが、いずれブランドのオーナーあるいは経営陣とぶつかり、短期間で交代となってしまいます。デザイナーをスカウトする側の目利き能力が重要なのです。

エディ・スリマンは今度招聘されたセリーヌでどんなコレクションを見せてくれるのか。また、リカルド・ティッシの参加によって

アレキサンダー・ワンのバレンシアガ

れ、裁判になった。2019年、セリーヌのクリエイティブディレクターに就任。

ラフ・シモンズ
アントワープ王立芸術アカデミー出身。自身のブランドを発表しつつ、ジルサンダー、ディオール、カルバンクラインなど著名ブランドのクリエイティブディレクターを務めた。2020年にプラダと契約し、新たな取り組みを始めている。

アレキサンダー・ワン
台湾移民の子としてサンフランシスコで生まれ、パーソンズ校でデザインを学ぶ。開業翌年の2008年にヴォーグのデザイン賞で優勝し資金を得た。一時バレンシアガのデザインも手がけたが、現在は自社ブランドに専念。

バーバリーはどう変わるのか。ボッテガヴェネタ、ニナリッチ、ランバン、ロジェヴィヴィエなど、交代したデザイナーたちは果たしてブランドにフィットするのかどうか。9月のパリコレ、ミラノコレが楽しみです。

ブランドのDNA

August 24th,2018

お世話になっている方から頼まれ、2018年4月に上海周辺のファッション事業者訪日団に初めてセミナーをする機会がありました。日本のファッションデザイン界の発展の軌跡と、私なりに考える今後の課題がテーマでした。

すると、この訪日団関係者から、好評だったので7月に来日するアパレルの経営陣に再度セミナーをと依頼されたのです。ここでは

リカルド・ティッシ
イタリア生まれ、セントマーチンズ校卒業。2005年からジバンシィのクリエイティブディレクターとして頭角を現す。17年に退任し、翌年からバーバリーのチーフクリエイティブオフィサーを務める。

日本は世界市場とどう戦えるのかをお話ししました。さらに今週水曜日、「広東青英会」訪日団でもセミナーを行いました。「みなさんは主にどんな職種なのでしょうか」と質問したら、「バイヤー」という返事でした。

そして、来月初旬にはまたアパレル事業者が来るので話をしてほしいと頼まれ、10月には「北京に迎えたい企業がある」と訪中の打診を受けました。このお招きは別の海外出張と重なりそうなので実現は不可能でしょうが、中国ファッション業界から講演依頼が止まりません。関係者の間で私の講演のことが噂になっているのはありがたいのですが、この分だと毎月、中国の講演依頼を受けなくてはならなくなりそうです。

かつて日本のファッション産業界が発展途上だった１９６０年代から70年代前半、ヨーロッパやアメリカへの視察団がこんなふうに現地の企画会社やマーケティング専門家に講演をたくさん依頼し、欧米のファッション事情やその変遷、ビジネススキルを教えてもらったと聞きます。今度は我々が近隣諸国に伝える番、簡単に断ると失礼にあたるのではないかと考えてしまいます。

今週行った講演では、ブランドビジネスにとって重要なこと、そして画家と画商の関係について話しました。

近年、有力ブランドは数社の大資本傘下に集約されたからか、まるで一般企業の人事異動のようにデザイナーやクリエイティブディレクターを交代させます。ブランドを牽引すべきデザイナーがコロコロ交代しようが、ブランドの持ち味、特性をしっかり守っているケースはあります。しかし一方では、交代するたびに方向性が大きく変化するブランドも少なくありません。これはブランドビジネスの正しい姿なのでしょうか。

受講者から「(後継指名される) デザイナーにはそれぞれ強い個性があり、創作的なエゴもある。ブランドの経営者は起用したデザイナーの個性を尊重すべきか、それともブランドの伝統を守らせるべきか」と質問されました。私は「どんなにデザイナーが交代しようがブランドの世界観、ブランドのDNAや仕事の仕方は守るべき」と答えました。

その例として、シャネル日本法人のリシャール・コラス社長（当時）からうかがった話を披露しました。シャネルのアトリエでデザインを考案する際、あるいは広報宣伝チームが広告ビジュアルを企画する際には、「ココ・シャネルはこんなデザインをするだろうか」という議論をするそうです。ココ・シャネルはバッグのデザインをするとき、生活する中での機能性をいつも重視し、機能を無視したデザインは排除した。だから、デザインチームによる新作バッグのデザインがいくらユニークであっても、機能軽視であれば商品化されません。広告も同様、ココ・シャネルはこの図案を承認するだろうかと議論し、「ノー」であればやり直します。

また、コラスさんはこうもおっしゃっていました。「なぜシャネルは紳士服を発売しないのか、それはココ・シャネルが紳士服を手がけていなかったから」と。なるほど、メンズを発売すればかなり売れるでしょうが、あえてやらないとは立派です。後継チームは常にブランドの創業者がどう反応するかを推測し、「ココならきっと承認しないだろう」と結論が出たら企画をストップ

創始者ココ・シャネルのDNAを継承するシャネル

する。これぞまさにブランドのＤＮＡを守る方法です。だからこそ、シャネル人気は長続きするのではないでしょうか。

デザイナーである以上、誰もが自分が継承したブランドをもっと伸ばそう、もっと格好いいものにしようと考えます。同時に、自分の個性もブランドに盛り込みたいと考えるのは、ごく自然なことです。しかし、自分らしさを盛り込もうとするあまり、ブランドのＤＮＡを軽視、無視してしまう危険性もあります。自分が表現したい世界観を追求するのであれば自分自身のブランドで徹底的にやるべきであり、既存ブランドを継承するのであればそのＤＮＡを守るのが王道ではないか、と私は考えます。

サンローランを継承したエディ・スリマンは初めてのコレクションから退任するまでの間、いわゆるパリのエスプリではなく、米国西海岸の自由奔放な空気を吹き込み続けました。そのストイックな姿勢は立派だと感心しましたが、フランスの至宝イヴ・サンローランが創業したブランドは果たしてこの路線でよいのか、私は疑問でした。

もしもエディ路線のサンローランを経営側が了解し、ファンの多くが受け入れてくれていたなら、そして経営側が満足のいくビジネスができていたなら、エディはサンローランを去ることはなかったのではないかと勘ぐってしまいます。退任後に違約金を巡って裁判になりましたが、円満退社なら法廷で争うこともないでしょう。ブランドのマンネリ化を止めて新しい息吹を注入する姿勢は間違いではありませんが、ＤＮＡの継承はブランドビジネスの必須条件です。

サンローランに限らず、ビッグブランドの多くはここ数年でデザイナーがコロコロ交代しています。専門家やファッション事情通でなければ、今、誰が、どのブランドのデザイナーなのか、わからない状況です。また、いくつかのビッグブランドのデザイナーがかなり高齢化していることから、大きな世代交代の波がすぐにやって来ます。後継者選びにはいろんなパターンがありますが、みなさんはどうお考えでしょうか。

クリエイションと目利き

ブランドのあり方

September 30th, 2018

現在開催中の2019年春夏パリコレ、今季最大の注目コレクションは新生セリーヌだったと思います。サンローランの継承に当たってブランドイメージを大胆に刷新したエディ・スリマンが、フィービー・ファイロから引き継いだセリーヌを果たしてどういう路線に持って行くのか、世界のファッションメディアやバイヤーはかなり関心を寄せていたのではないでしょうか。もちろん私も注目していました。

たぶんそうなるのだろうなあと予想していましたが、スリマンはやっぱりファイロが確立したセリーヌの世界とは全く違うディレクション、エディ独自の世界観を見せました。前任者のブランドイメージやスタイルは継承しないぞ、という強い意気込みを感じます。織りネームをセリーヌからサンローランに換えて売り出しても違和感なさそうです。

コレクションを準備する際にマネジメント側とは十分議論したのでしょうが、10年間にわたりフィービーのセリーヌを支持してきた顧客の女性たちはこのエディのスタイルにどんな反応をするのでしょう。コレクション自体は個人的にはかなりカッコいいとは思うのですが、戸惑うフィービーファンはきっと多いことでしょう。

エディ・スリマンを迎えてセリーヌは新しくメンズラインを発売します。エディが最初にディオールのメンズを手がけて以来、世界中にエディのメンズコレクションの熱烈なファンが大勢います。メンズを新たに開始すれば、ブランド全体の

フィービー・ファイロ
セントマーチンズ校時代から親交があったステラ・マッカートニーについてクロエに入社。ステラの退任後はクロエのチーフデザイナーに。その後、休養を経てセリーヌのデザイナーに就任し、セリーヌをトップブランドに育てた。

フィービー・ファイロ時代のセリーヌ

売り上げはかなり伸びるでしょうから、会社としては帳尻が合っているとの判断でしょうか。

ブランドビジネスというのは指名されるデザイナーが交代するたびに世界観、路線がコロコロ変わる、こんな形で果たしてよいのでしょうか。ブランド企業を経営するマネジメントは、ブランド固有の世界観を守るべきか、あるいは指名したデザイナーの個性を尊重すべきか、きっと業界内でも議論は分かれると思います。が、私は前者支持です。

今シーズンのミラノ、パリコレのネット報道を見ていると、1枚の新作写真を見た瞬間にブランド名を特定できるコレクションが、以前に比べ随分と少なくなったなあと思います。

ブランド群を運営するコングロマリット企業はまるで社内の人事異動のように頻繁にデザイナーを交代させます。フィービー・ファイロとセリーヌのような10年間、あるいはそれ以上の在任期間なら納得できるのですが、最近はサンローランのエディ・スリマン、ディオールのラフ・シモンズ、バレンシアガのアレキサンダー・ワンなどあまりに早すぎる交代が当たり前になってきました。ビジネスが企業側の予算通りに推移し、マネジメントとデザイナーが蜜月関係ならば、早期退陣など絶対にありません。

ネット報道をチェックしていて感心したコレクションがあります。ノワール・ケイニノミヤ、いったいどこの会社のブランドなのか、ファッション流通業界にいる人間ならすぐにわかりますよね。コムデギャルソンのDNAがしっかりと継承されているコレクションです。複数のブランドを有するデザイナー企業は、ブランドごとに戦略ターゲットは違うでしょうが、根っこの部分は創業者の影響を受けるのが普通です。

全く世界観の違うブランドをグループ内で立ち上げるのであれば、別の会社を新たに設立して、独自の路線、独自の販路でビジネスをすればいいと私は思います。だから、エディ・スリマンも誰にも文句を言われない自分自身のブランドを立ち上げ、自分の世界観をたっぷり表現すればいいのに、と思います。

「古いよ」と言われるかもしれませんが、デザイナー企業内でい

ノワール・ケイニノミヤ
2013年春夏シーズンからスタートしたコムデギャルソンのブランド。デザイナーはアントワープ王立芸術アカデミー出身の二宮啓氏。

くつ新ブランドを立ち上げても、後継者が創業デザイナーから基幹ブランドをバトンタッチされても、担当デザイナーが創業者のDNAを引き継ぐのは自然なこと、いやもっとストレートに言うならDNAは絶対に引く継ぐべきでしょう。ノワール・ケイニノミヤの今シーズンの写真を眺めながら、別ブランドであるにもかかわらず創業者の世界観を強く感じられるのは、ファッションビジネスの形として正しいことではないか、と。こういうコレクション、私は好きです。

エディ・スリマンは類い稀な才能とセンスの持ち主だと思います。イヴ・サンローランを手がけたときも創業者にあったパリのエスプリを排除し、仕事場をアメリカ西海岸に移すなど大胆なことをする人、それはすごい度胸です。マイケル・コース、フィービー・ファイロによって老舗のセリーヌは従来の雑貨だけでなくファッションでもパリコレの花形ブランドになりました。スーパースターと花形ブランド、これからも目が離せないことに変わりはありません。

トレンドより世界観

October 4th,2018

２０１９年春夏のパリコレが終了しました。世界各国のプレス関係者と小売店の経営陣は大半が帰国し、今は現場のバイヤーたちが個々にメゾンの展示会を回っていることでしょう。連日10本以上のコレクション、それにブランドの個々の展示会とトラノイなどの合同展示会、取材陣やバイヤーはろくにランチを食べる時間もなく走り回ります。

１９９４年、大切な友人だった市倉浩二郎さん（毎日新聞編集委員）は、パリコレ取材の疲れからか帰国後、病に倒れ、約1カ月後に亡くなりました。数年前にもＷＷＤジャパンの山室一幸編集長が帰国後に急逝しています。コレクション取材は華やかな反面、肉体的にかなりの激務なのです。

もちろん発表するメゾン側も当日まで十分な睡眠もとれずに頑張

りますから、関係者の誰もがハードな仕事をしています。コレクション、展示会の準備、あるいは取材や視察で連日まともにランチすらとれなかった業界関係のみなさん、ホントにご苦労様でした。どうか十分に休養、栄養をとって体調維持を最優先でお仕事してください。

かつてパリコレにはコピー商品を阻止するため、協会側とメディアの間にランウェイ写真の解禁日が設定された時期がありました。デジタル時代の現在は、ショーが終了して半時間もしないうちにコレクションの写真や映像が全世界に配信されます。わざわざ現地に行かなくても様子がわかって便利ですが、発表する側にはすぐにコピーされるリスクもあります。今ならショーの1カ月後にデザイナーのアイデアを真似て酷似商品を店頭に並べるのは簡単です。

さて、速報をネットで伝えてくれるヴォーグ・ドットコムが、独自の視点で今シーズンのパリコレ10傑をアップしています。ブランド名はヴァレンチノ、パコラバンヌ、ドリスヴァンノッテン、ロエベ、バレンシアガ、リックオウエンス、メゾンマルジェラ、シャネル、ルイ・ヴィトン、ジュンヤワタナベ、となっています。

ブランドの世界観は表現できているか、時代の先取り感はあるのか、季節感や服のバランス、全体の美しさなど、コレクションのどこに着目するかで意見は大きく分かれます。また、メディアとバイヤーでは視点が大きく異なります。ここに挙がっているブランドはヴォーグ・ドットコムの担当エディターの考えですから、視察者の大多数が同じ感想だったとは思えません。あくまでも参考意見と受け止めています。

このリストを見て「なるほどなあ」と思うブランドもあれば、「えっ、そうなの」というブランドもあります。ヴァレンチノのショーで最初にステージに登場したルーズフィットの黒いロングドレス、どうして今季のパリコレトップ10の特集記事冒頭にヴォーグのエディターはこの写真を掲載したのか、どういう視点でヴァレンチノを最初に持ってきたのかを訊いてみたいです。このチョイスに反対しているわけではありませんが。

ただ一つ言えることは、10年前はまだデザイナーとしてコレクション活動していなかった、あるいはどこかの有力メゾンでまだアシスタントをしていた若手デザイナーがこのトップ10のリストには多い、ということです。この点は驚きです。パリコレでは世代交代が確実に進んでいる証拠です。

個人的には、ブランドの〝十八番（おはこ）〟と言いますか、創業者独自のDNAと言いますか、そういうものがはっきり見えるコレクションこそが、お客様にとっては重要なのではないかと思います。もうパリコレからファッショントレンドがどうのこうのと言う時代ではないような気がしてならないのです。消費者の気分は今、世のトレンドで身を固めることよりも、本当に自分の感性にフィットするものにしか興味がないでしょうから。

これから数週間、例年通り日本各地で業界人に向けてファッショントレンドセミナーが開催されるでしょうが、今の時代、そういうトレンド視点が本当に必要なのかどうか少々疑問を感じます。シルエットがどうした、色や柄がどうなる、着丈は長い短い、販促に使えるテーマはあれこれみたいな話よりも、これからの生活者の暮らし方や関心事、生活価値観が向かう明日の方向性みたいな、もっとマクロなマーケティング視点のほうが商品企画や販売促進には重要ではないかと思うのです。

業界内のトレンド探しは、今の消費者の関心事とイコールではないような気がしてなりません。そのギャップにこそ、〝服が売れない〟主たる原因があるのではないでしょうか。

時代の預言者と目利き

November 27th,2018

今春、アムステルダムに出張した際、旅程をアレンジしてくださったオランダ人ビジネスマンの仲介で、日本文化に造詣の深い現地の専門家とお会いする機会がありました。そのうちのお一人がゴッホ美術館のエントランスで一緒に記念撮影してくださったウイリアム・ファン・ゴッホさん（以下ファン・ゴッホ氏）、フィンセント・ファン・ゴッホ（以下ゴッホ）の一番の理解者だった実弟テオ・ファン・ゴッホの曽孫です。ファン・ゴッホ氏は館内の展示作品をわかりやすい解説付きで案内してくれました。

テオに初めて子供（ファン・ゴッホ氏の祖父）が誕生したと知らせを受けたゴッホは、その歓びを「花咲くアーモンドの木の枝」に込めて描いた、とNHK特集で知りました。ゴッホはこの作品が完成して半年後に亡くなっており、死因は自殺とも銃の誤射とも言われています。

ゴッホは生存中、作品がほとんど売れず、結果的に実弟テオの一族の手もとにほとんどの作品が残り、一族は作品をオランダ政府に寄付する代わりにゴッホ美術館を建設してもらった、とファン・ゴッホ氏から教えてもらいました。美術館の新館は有名な「ひまわり」の1枚を所有する日本の損保ジャパンが寄贈したもので、設計は黒川紀章さんです。

本格的に絵を描き始めたゴッホはテオに作品の販売を委ね

ウイリアムさんと。背景の絵は「花咲くアーモンドの木の枝」

るも、オランダ北部の貧しい農民の生活を描いた暗い色調の絵は売れませんでした。実弟に「こんな暗い絵では売れない。もっと明るい絵を」とアドバイスされ、南仏アルルに移住して明るい絵画、釘でキャンバスを引っ掻いた、いわばピクセル画法に打ち込みます。が、ファン・ゴッホ氏によれば、それでもゴッホの絵は一向に売れず、結局、生涯でたった1枚しか売れなかったそうです。

ゴッホはおよそ10年間の短い創作活動期間に大量の作品を残していますが、存命中はほとんど評価されることなく、亡くなった後のアンデパンダン展などで徐々に評価は高まり、今では世界の誰もが知る巨匠になりました。

ゴッホの話を聞くたび、画家などの〝アーティスト〟とファッションなどの〝デザイナー〟との違いを考えてしまいます。創作活動中は評価されず、死後に評価されたアーティストはゴッホだけではないでしょう。作家の創作がその時代の人々にはマッチせず、売れないまま生涯を閉じるケースは少なくありません。時代の空気に関心なく、ひたすら自分が信じる世界に没頭する孤独な創作活動、

アンデパンダン展
1884年にパリで始まった無審査、無賞、自由出品を原則とした美術展覧会。保守的な審査を受けるサロンに対し、誰でも参加でき、作品の評価を来場者に直接問える展覧会として発展した。セザンヌ、ゴーギャン、ロートレック、マチス、ゴッホなどが有名になった。

でも時代が変われば評価されることだってあります。

しかし、デザインの世界はちょっと違います。時代の預言者たるデザイナーは、時代を先取りした創作活動、あるいは今の時代が求めるもの、生活者が今使いたい、持ちたい、着たい、買いたいと思うものを創作して暮らしに潤いを与えるのが仕事です。アーティストは自分の世界に閉じこもって没後に評価されたっていいでしょうが、デザイナーは没後ではなく現役活動中に支持されてこその存在。何も多くの人に支持されなくても、大量に売れなくても、特定の人にだけ支持されて限定的に売れたっていいでしょう。とにかく今現在支持されることが大切なのです。

世界の多くの後進デザイナーに影響を及ぼしたデザイナー本人から聞いたことがあります。自分が一歩も二歩も進んだクリエイションをしているつもりでも、消費者、エディター、同業デザイナーやアパレル企業の誰も後をついて来なくなったら「ただ時代から外れているだけ」、と。時代の預言者は真似されるたびに嫌な思いをしますが、真似されなくなったら悲しい。何十年もトレンドセッターであり続けることは難しく、どんな天才クリエイターもいずれその地位を明け渡す日は来ますが、死後にやっと評価され、その後は巨匠でいられるアーティストとは違うのです。

もう一点、ゴッホのことで思うのは、どんなに絵画が売れなくても兄の才能をずっと信じ続けた実弟テオの存在です。画商であったテオは売れない兄に資金援助を続けたと言われています。テオの支援がなければゴッホは創作活動を続けることはできず、後世に多くの作品を残すこともできなかった。アーティストには不可欠な目利きの画商の支援があってこそだったのです。ファッションの世界で言うなら、エディターやバイヤー、マーチャンダイザーが目利きの役割を果たします。デザイナーの才能を見出す目利きが増えれば、救われるデザイナーは増えるのではないかと思います。

かつてIFIビジネス・スクールでマーチャンダイジングの指導をし始めた頃、教育で優れたクリエイターは作れなくても画商は作れるかもしれない、そう考えて人材育成に心血を注ぎました。クリエイターは個人に創作能力がなければ話になりませんが、画商は教

IFIビジネス・スクール（ファッション産業人材育成機構）
ファッション産業界の人材育成をするため、東京都、墨田区、産業界が総額50億円を出捐して作った財団法人。

育次第で何とかなる、右脳と左脳の両方を動かせる人材は育てられるはず、と思って指導してきました。でも、最近になって、目利きも才能がなければ無理かもしれない、と思うようになりました。売れる商品を見つけられる人材はそれなりに育てられるかもしれませんが、世間でまだ評価されていない才能を見つけ出し、デザイナーのクリエイションをしっかりと受け止め、その創作活動を側面から応援できるような目利きとなるとどうでしょう。かなり少ないような気がします。

来年初めに閉鎖予定のヘンリベンデルが〝ニューヨーカーの衣装箱〟として全盛だった時代、この小売店は無名の新人デザイナーにチャンスをくれる特別なファッションストアでした。全米のセレクトショップや百貨店バイヤーは、ベンデルが取り扱いを始めた新興ブランドをリサーチし、後追い発注をかけたものです。つまり競合店は当時のベンデルの目利き力を高く評価していたのです。

これまでヘンリベンデルのインキュベーション（孵化）の仕組みと影響を日本の業界幹部に度々説明してきましたが、実際に私の提案を受けて行動してくれたのは伊勢丹新宿本店に「解放区」を新設してくれた武藤信一さん（当時MD担当取締役、後に社長）だけでした。CFD（東京ファッションデザイナー協議会）時代も、現在のJFW（日本ファッション・ウイーク推進機構）でも、私は東京コレクションに深く関わっていますが、いつも新人や若手デザイナーの支援を心がけてきました。彼らと企業とのマッチングやコラボをいくつも仕掛けてきましたが、もっと目利きの人材が日本のファッション流通業に増えてくれたらなあ、と思います。

またもデザイナー解任

December 26th,2018

2017年秋、ニューヨーク視察に出かけたとき、マジソンアベニュー東60丁目角のカルバンクライン旗艦店で仰天しました。かつてメディアにコレクション発表のたび「ソフィスティケーティッド（洗練された）」と評されてきた米国を代表するデザイナーブランドのフラッグシップ店が、まるで工事現場のような内装に変わっていたからです。ここにオレンジ色のカラーコーンが置かれていても違和感のない不思議な空間でした。

ラフ・シモンズがクリエイティブディレクターに招聘され、ブランドイメージを刷新する途上であることは百も承知していましたが、それにしてもこの内装はシックが売りのカルバンクラインらしからぬショップデザインで、ただただびっくりでした。と同時に、創業者、マネジメント側とデザイナーが決裂するのは時間の問題かもしれないなとも思いました。

１９９０年代後半、マーク・ジェイコブスがルイ・ヴィトン、マイケル・コースがセリーヌ、マルタン・マルジェラがエルメスに起用されました。パリやミラノの有力ブランドは外部からデザイナーを招聘してブランドのブラッシュアップに成功し、外部デザイナーの起用はブランド再生の必殺技になりました。

ブランドの世界観を守りながら見事にブラッシュアップできた成功例は多々ありますが、一方で資本家やマネジメント側とデザイナー本人の方向性が異なり、契約期間中に関係を解消した例も少なくありません。鳴り物入りでスタートしたはずのディオールとラフ・シモンズ、サンローランとエディ・スリマンの関係も決してハッピーな終わり方ではありませんでした。それ以前にもトム・フォードがブランド革新を試みたサンローランの例があります。彼が目指した路線がビジネス的に軌道に乗っていたら、グッチを見事に再建したこの功労者がグループを去ることはなかったでしょう。

今秋のパリコレでも、セリーヌに乗り込んできたエディ・スリマンのコレクションが話題になったばかり。前任者のフィービー・ファイロが時間をかけて確立したセリーヌの世界観をぶち壊すようなコレクションに、バイヤーやジャーナリストから厳しい声が上がりました。〝フィービーロス〟、メディアの記事に何度も登場した流行語のような言葉です。

そもそも、ブランドとはいったい何なのでしょう。世のファッ

トム・フォード
パーソンズ校出身。ペリーエリスアメリカを経て、1994年にグッチのクリエイティブディレクターに就任、同ブランドの再生に貢献した。グッチが買収したイヴ・サンローランと兼務の後、グッチCEOとともに退職してトムフォード社を設立。映画監督としても活躍している。

ショントレンドが動くたびに、右へ行ったり左へ行ったりするのがブランドでしょうか。ブランドのものづくりやイメージ戦略を指揮するデザイナーが交代するたび、ブランドディレクションがコロコロ変わってもよいのでしょうか。ブランドとは、支持してくださるお客様に信頼と安心を提供する固有のコンテンツ、他では得ることのできないスペシャルな存在。お客様の好みに合わせるということでもありませんし、世のトレンドに合わせるべきとも思いません。孤高の世界観があってのブランドでしょう。

　デザイナーが交代すれば当然、微妙な違いは創作物に出ます。デザイナーにはそれぞれ個性、個人的な好き嫌いがあります。シックでミニマルな世界観を貫いてきたカルバンクラインには多くの熱狂的ファンがいます。しかし、およそ半世紀前に誕生したブランドです、このところやや錆びついてきたと感じる人は多かったはず。錆を取り除く時期に来ていました。ラフ・シモンズは錆を取り除くだけでは十分ではない、思い切ってブランドの根幹からやり直すタイミングと考えたのかもしれません。また、当初はマネジメント側もそれを了承していたのではないでしょうか。

私のように全盛期のカルバンクラインを知る者には、これがカルバンの世界とは到底思えません。コレクションそのものが良いかどうかではなく、カルバンらしいかどうかと言えば、正直「あり得ない」。全盛期のカルバンは毎シーズン、どこに変化があるのかわからないくらいミニマルな服を作っていました。そのブランドに映画「ジョーズ」の鮫のイラスト柄はないでしょう。

ブランド革新はすぐに結果が出るものではありません。たった2、3シーズンですぐに結果なんて求めてはならないし、売り上げの低迷をデザイナー一人のせいにしてはいけないと思います。招聘した時点でマネジメント側はブランドの方向性に関してじっくり話し合いをしたのでしょうか。話し合いが十分でなかったのであれば、マネジメント側の大きな責任です。話し合いを十分にして方向性に合意していたのであれば、就任してたった2、3シーズンで解任するマネジメント側の能力を私は疑います。

つまり、ラフ・シモンズの才能云々ではなく、マネジメント側

大改装の後に閉店したカルバンクライン本店

にブランドビジネスを推進し得る戦略と能力がなかった。言い換えれば、資本家に解任されるべきはデザイナーではなく、マネジメントチームではないでしょうか。

近年、アメリカの消費者の関心はもっぱら〝美と健康〟、なのでスポーツそのものやスポーツテイストにどうしても目が行きますし、多少の浮き沈みはあってもこの流れはしばらく続くでしょう。ラフ・シモンズはこの先の生活価値観を睨(にら)んで、シックなカルバンクラインの世界を変えようと果敢に挑戦したのでしょう。そして世の中の流れはその通りになったのです。でも、カルバンクラインを継承するデザイナーとして正しい判断だったかどうか。

私の教え子が面白い表現をしました。ラフ・シモンズの目指した新しいディレクションは「日本で言うならワークマン」と。ワークマン的なカジュアル服は間違いなく今の時代の流れに沿っていますが、カルバンクラインの持ち味は対極にある都会的洗練。ちょっと無理がありました。責任は決してデザイナーにはない。ラフ・シモンズの再起を期待したいです。

ブランドの十八番の確立を

ケンゾーが果たした役割

December 18th,2018

高田賢三という名前を初めて知ったのは、私がまだ大学生だった1973年、赤坂のアメリカ大使館のすぐ横にあった国際羊毛事務局日本支部で開催されたセミナーでした。パリコレで大躍進するデザイナーとして高田賢三さんとクロエのカール・ラガーフェルドのコレクションが数点ずつ紹介されたのです。

大学を卒業すると私はニューヨークに渡りました。ニューヨークコレクションの取材をしていたので、パリにはほとんど行かず、パリコレでの賢三さんの大活躍を肌感覚では知りません。ただ当時、ニューヨークの人気デザイナーだったペリー・エリス（バイヤー出身）が「ケンゾーの本当の良さをアメリカのバイヤーは理解していない」とよく口にしていたので、すごいデザイナーとは認識していました。

初めてお目にかかったのは86年の秋だったか、パリコレの視察時に賢三さんのお屋敷でのパーティーにお邪魔したときでした。次にお会いしたのが２００８年6月、日本人移民１００周年を記念したサンパウロ・ファッションウイークでした。私もセミナーのスピーカーとして招待され、サンパウロに5泊しましたが、ディナーは5日とも賢三さんたちとご一緒でした。

サンパウロでのセミナーや会食のときに、賢三さんがどうして神戸の大学を辞めて文化服装学院に入学したのか、そして卒業してパリに行くまで、パリに渡った当初の苦労、小さなブティックを開いた直後にファッション誌に紹介されたこと、初のファッションショーのこと、初期のブランド名「ジャングルジャップ」

ペリー・エリス
1970年代後半に彗星のごとく現れ、カルバン・クライン、ラルフ・ローレンとともにビッグ3デザイナーの地位に。しかし86年にショー終了後、病院に運び込まれて急逝。活動期間は9年と短かった。トム・フォード、マーク・ジェイコブスが育ったブランドでもある。

高田賢三さんと

の由来、それを後に「ケンゾー」に改名した理由などを知りました。

パリに渡った当初は、労働ビザの関係もあってなかなかこれといった仕事が見つからなかったそうです。デザイン画を描いて自らサントノーレ通りのメゾンへ売り込みに行ったところ、ルイフェローの店でたまたまフェローさん本人が居合わせ、デザインを気に入ってくれた。そこから賢三さんの成功への道が拓けます。

その後、友人に小さな空き物件があるからブティックを開いてみないかと勧められます。施工資金のなかった賢三さんは、学生時代のペンキ屋でのアルバイト経験を活かして大好きだったアンリ・ルソーの「夢」を店の壁面に描きました。絵のジャングルと語呂がいいという単純な理由から、ブランド名をジャングルジャップとしたのだそうです。

ブティックの開店直後にエル誌の編集長の目に留まり、賢三さんのコレクションはいきなり表紙に抜擢されました。パリの有力ファッション誌の表紙を飾った最初の日本人、ＫＥＮＺＯ ＴＡＫ

アンリ・ルソー「夢」（1910年）

ＡＤＡは一躍有名になりました。とは言ってもまだ経営基盤は弱く、ショー会場を借りてコレクションを発表できるほどの余裕はありません。最初のショーはこの小さなブティックで開催しました。

当時のパリコレはＢＧＭなし、モデルは作品番号プレートを客席に見せながら無表情でランウェイに登場するのが常でした。会場が狭くモデルの人数も少なくて盛り上がらないので、賢三さんは大きなラジカセを持ち込んで音楽を流し、モデルには無表情ではなく一般女性が街を歩くようににこやかな表情で歩いてほしいと頼んだそうです。以降、パリコレのステージで音楽が流れるのは当たり前になり、モデルの手から作品番号プレートは消え、ステージ上での歩き方も変わっていったのです。

賢三さんの知名度もシーズンを追うごとに上がっていきました。無名のデザイナーのままなら問題にはならなかったのでしょうが、認知が広がったことで国際問題が巻き起こりました。北米、中南米の日系人たちからクレームが入ったのです。問題はブランド名にある〝ジャップ〟。明治から昭和初期にかけて日本から海を渡った移民たちは現地でいじめられ、「ジャップ」とからかわれた歴史がありました。日本人移民の子孫にとって、この差別用語は耐え難いものだったのです。賢三さんはサンパウロの会場で日系人の聴衆に詫びていました。このとき私は「ケンゾー」に改名した事情を初めて知りました。

セミナー終盤、会場から「あなたが果たした役割は何でしょうか」と質問がありました。そのとき賢三さんは照れくさそうにこう答えたのです。

「若者たちに夢と希望を与えたことではないでしょうか」

確かに、高田賢三さんは、その海外での活躍に刺激された次の世代の若者たちにとって「将来は自分もきっと」と思える大きな目標になりました。多くの若者が賢三さんのアシスタントになりたくて無計画にパリに渡ったとも聞きます。

私のSNSにこんな書き込みをしてくださった方がいます。「ケンゾーさんに一目会った人は大好きになっちゃいます。魔法つかいなのかな！」。世界的に著名であっても腰が低い、威張らない、相手を思いやる、だから同業のファッションデザイナーたちからも愛される存在です。

今年になって私は、中国ファッションビジネスの訪日団にセミナーをする機会が増えました。「日本のアパレルやテキスタイル、デザイナーのことをもっと知りたい」と言う中国の経営層が多いのですが、私は若き賢三さんが開店準備中のブティックの中でジャングルの絵を壁に描いているモノクロ写真を見せながら、「日本の夜明けはここから始まった」と説明します。そして、それから数シーズン後にパリコレに参加した一生さんの西洋にはなかった衣服に対する解釈に世界は強く影響された、と続けます。

西洋の人々が〝和服〟ではなく、日本人デザイナーが創作した〝洋服〟に袖を通すなんて、当時は簡単な話ではなかったでしょう。パリコレが始まった19世紀後半、日本ではまだ大半の庶民がキモノを着用し、１９００年のパリ万博でキモノ姿の川上貞奴さんが人気者にはなりました。が、日本人が創った〝洋服〟に世界が感化されるのですから、歴史的に大変意味のあることです。

ジャングルジャップ1号店オープンに向けて壁面にジャングルの絵を描く賢三さん

70年代のことなので今のデザイナー予備軍には実感はないかもしれませんが、賢三さんと一生さんはファッションの世界における日本のポジション、価値を高め、道を拓いてくれた特別な存在です。デザイナーを目指す若者や最近バイヤーになったばかりの人たちには、先駆者の創作の軌跡と世界に及ぼした影響をしっかりと研究してほしいです。

展示会を回って

March 23rd,2019

昨日は代官山周辺で開催されているデザイナーの展示会を回りました。数シーズンずっと見せてもらっているミナペルホネンにもお邪魔し、テキスタイルやものづくりの話を直接、皆川明さんからうかがいました。いつ行ってもミナペルホネンの展示会場に流れる独特の温かい空気、ホント癒されます。

あれはＣＦＤ議長を退任する直前の１９９５年だったと思います。私塾「月曜会」の塾生だった文化服装学院出身の若者が「仲間と合同展示会をやるので見てください」と言ってきたので、わざわざ八王子まで足を運びました。この展示会に塾生と一緒に参加していたのが皆川さんでした。彼のデビューコレクションです。ラックからコートを外して「重たい服だね」「もうちょっと女性のかわいげを入れたらどうなの」と言いました。皆川さんからもよく「あのとき太田さんから言われたことを覚えています」と。聞く耳を持たないような人に私は率直な意見を言いません。

今シーズンのミナペルホネンは、新しいニュアンスのテキスタイルがいつもより多かったように感じました。たまたま別の展示会場で遭遇した百貨店の教え子たちが「今日、ミナペルホネンの発注をする」というので、「秋冬は新しいテキスタイルを中心にバイイングしてみては」とアドバイスしました。定番商品は顧客の方々に販売しやすいでしょうが、それを削ってでも新作に予算を使うべきタイミングじゃないか、と。果たして彼女たち、実際はどんな商品にウエイトを置いた発注をしたでしょう。

昨年度の毎日ファッション大賞新人賞を受賞した青木明子さんのコレクションは、今シーズンはショー発表ではなく展示会のみでした。余計なお世話ではありますが、彼女が今シーズン使っている素材の別の後加工方法があることや他の織物メーカーの技術力のこと、薄手生地の重ね方を変えると服にもっとインパクトある表情が生まれるのでは、とあれこれアドバイスして帰りました。

キャリアの浅いデザイナーは概して、日本各地の優れた織物工場や後加工会社とのネットワークが狭く、どうしても限られた原材料でものづくりをしなければなりません。青木さんには「太田に勧められたと言ってコンタクトしてみて」と、経済産業省の中小企業自立支援事業の審査で「支援合格」を出した、ある生地メーカーを勧めました。

毎日ファッション大賞新人賞を受賞した若いデザイナーには着実に成長し、早く大賞を受賞する存在になってもらいたい。同賞の選

毎日ファッション大賞
1983年、毎日新聞社が設立したファッションデザイナーらを表彰する制度。大賞の他、新人賞、鯨岡阿美子賞、特別賞があり、毎年11月に授賞式が開催されている。2019年度の大賞にはアンリアレイジの森永邦彦氏、新人賞には岩井良太氏が選ばれた。

考委員として彼女を選んだ責任がありますから、ご本人の人柄を見込んで、期待も込めて、あれこれアドバイスしました。皆川さんのようにアドバイスを長く覚えていてくれるといいですが。

毎日ファッション大賞の過去36年の歴史の中で、新人賞受賞の後に大賞を受賞したデザイナーはほんの数人しかいません。つまり、デビュー間もない時点では評価されたものの、業界の専門家にその後の成長を認められた人は少ない。これが日本のファッション業界の現実です。新人賞の受賞後にメディアや小売店への対応などで増長して消えていった人も少なくありません。青木さんには新人賞受賞に浮かれることなく、謙虚に研鑽を重ね成長してほしいです。

ＣＦＤによる東京コレクションを運営した10年間と、現在のＪＦＷによる東京ファッションウイークをお手伝いしてきた13年間、私は多くの新人や若手デザイナーをいろんな形で応援してきました。工場を紹介したこともあれば、ものづくりのヒントを提供したこと

アキコアオキの展示会にて

も、デビューの場を作ってあげたこともありました。本人とプレス担当のあまりの傲慢さを注意したこともあれば、「こいつら何様だと思っているんだ」と、デザイナーの背後にいるスポンサー企業のトップを糾弾したこともあります。

ＪＦＷの発足当初、まだ国の助成金がついていた頃でした。ある若手デザイナーのプレス担当から「いくらお金を出してくれるのですか」と、ＪＦＷ側がショーの費用を出して当然みたいな言い方をされたときにはびっくりしました。こういう傲慢な人たちに何度遭遇してきたことか。そのたびにデザイナーをサポートする意欲が消えそうになり、ファッションの仕事を辞めようかと思いました。

若手の展示会を回って思うことは、もっと繊維産地に足を運んで織物やニットを製造している現場の職人さんたちから教えてもらうべきじゃないかな、です。シャネルをはじめ世界のトップブランドはたくさん日本の素材を採用し、中には地方の工場に担当者を送る熱心なブランドがあります。一方、同じ日本でデザイン活動をしながら、若手デザイナーはどの工場で、どんなものを生産しているの

ＪＦＷ（日本ファッション・ウィーク推進機構）
日本の繊維・ファッション産業の国際競争力の強化、発展を図ることを目的に製造業、デザイナー、流通業が連携し2005年に設立。東京コレクションやテキスタイルに関わる事業を推進している。

か、他のメーカーと違ってどんな特徴があるのか、リサーチが全く足りていません。そこが気がかりです。

　そんな懸念もあっただけに、昨日のトークショーに登場したオーラリーの岩井良太さんにはちょっと感動でした。彼は東京都の若手デザイナーの海外進出支援イベント「ファッションプライズ・オブ・トーキョー」で選ばれ、今月初旬にパリで初めてショーを開いたデザイナーです。原料供給地のモンゴル（カシミヤ）、ニュージーランドやオーストラリア（ウール）の現場にも足を伸ばし、良い糸、良い素材が調達できるようリサーチをしているそうです。国内繊維産地のみならず海外の原料供給地にまで出かけるとはすごい。コレクションのテーマは特に決めず、ひたすら素材へのこだわりを口にする、こんな人は初めてです。オーラリー、これから大いに期待したいブランドです。

　皆川明さんが工場によく出かけることはテレビ番組や雑誌で何度も紹介され、業界のみなさんはよくご存知でしょう。ものづくり現場のリサーチ、人の話に素直に耳を傾ける人柄、工場の職人さんたちをリスペクトする姿勢があるからこそ、ブランドとして着実に成長できたのです。ここから先、ミナペルホネン規模のブランドが東京コレクションから生まれることを期待したいです。

東京コレクションの収穫

March 26th,2019

コレクションを取材して記事を書く側だった自分が、運営側に転じて初めて東京コレクションを準備したのが１９８５年の秋でした。急にＣＦＤ（東京ファッションデザイナー協議会）の設立が決まったので都内の貸しホールに空きはなく、仕方なく代々木国立競技場にお願いして体育館の駐車スペースに仮設テントを建てさせてもらいました。仮設なので電力がありません、このとき初めて〝電源車〟なるものが必要と知りました。あれから34年が経ちました。

先週の土曜日、経済産業省地下ホールで行われた熊切秀典さん（ビューティフルピープル）のショーが終わって地上に出たら、何年かぶりに三穂電機の電源車を発見。役所の簡素なホールではファッションショーができるほどの電力容量は装備されておらず、照明・音響機材を稼動させるには電源車が必要だったのです。長年、東京コレクションの仮設テントでお世話になった三穂電機の電源車、懐かしくて思わずスマホ撮影しました。

東京はパリのように公共施設をショー会場としてなかなか貸してもらえません。手続きにものすごく時間がかかる、保安や消防の問題を必ず指摘され前向きになってもらえない、そしてほとんどは「前例がない」と断られます。霞が関の官庁でファッションショーなんて、これまで一度もありませんでした。経済産業省は「若手デザイナー支援コンソーシアム」を組織してコレクションに理解があるにせよ、ここでの開催を許可した役所の幹部は立派です。これから毎シーズン、この場所をショー会場として無償提供してほし

経済産業省のホールで行われた
ビューティフルピープルのショー

いくらいです。

今シーズンのＪＦＷ東京コレクションが先週土曜日に閉幕しました。前回の10月の春夏コレクションは海外出張と重なってほんの数本のショーだけの視察でしたが、今シーズンはショーや展示会をたくさん見ることができました。

最近、若手デザイナーや独立した元部下たちと話す機会が増えました。「卸売りよりも小売りで攻める時代です」「消費者との距離を短縮するビジネスを」「創作活動に専念できる体制作りを」「繊維産地に足を運んで職人さんと会話しなきゃ」「後加工でもっと違う表現ができますよ」「縫製仕様を変えたら質感が上がります」「トレンドに左右されずブレないクリエイションを期待しています」など、ブランド経営、ものづくり、海外ビジネス、創作の姿勢などいろんなアドバイスをしています。が、一番のアドバイスは「自分の十八番の確立を」です。

コレクションを視察する側の者として最も気にする点は、そのブランドの十八番がはっきりしていること、そしてブレないものづく

若手デザイナー支援コンソーシアム
経済産業省が若手ファッションデザイナーを支援するために2019年に組織したコンソーシアム。その一環としてビューティフルピープルが同省地下ホールでショーを開催した。

りへの姿勢です。世のファッショントレンドがどうなろうが、ブランドの世界観をしっかりと守る。コレクションを発表するデザイナーに一番求めたいことです。また、何でもありのコレクションではなく、もしも左右を歪(ゆが)めるなら、布を切り刻むなら、凹凸感を出すなら、ディテールをデフォルメするなら、徹底的にそれを追求するコレクションを私は評価します。

その点で、ポケット、襟、ボタン、ベルト、ファスナー、セーターのリブなどディテールを思い切り拡大して見せた森永邦彦さんのアンリアレイジは非常に印象的でした。最初から最後まで徹底してデフォルメ、それでも服のバランスをギリギリ保っていました。このコレクションに携わったテキスタイルメーカー、ニット工場、付属メーカーやパタンナーのみなさんは、きっと大変苦労なさったでしょう。

アジア市場が世界全体の中で重要になっている昨今、パリやミラノのラグジュアリーブランドはスト

ディテールを拡大して
見せたアンリアレイジ

リートカジュアルを相当意識しています。大人社会の欧米市場と違い、急成長するアジアの消費の主役は若い世代だからでしょう。マンガやアニメからのインスピレーション、ラフなストリート系やサーファー系がラグジュアリーブランドにも急に増えてきました。

もともと東京のファッションリーダーは街の若者、大人女性のシックな服を作るデザイナーは多くありません。そんな中で毎シーズン、大人服を丁寧に作っているサポートサーフェスの研壁宣男さん、今回も評価したい仕事でした。

百貨店の婦人服売り場は大人のお得意様が多くいらしゃいます。大人服となるとどうしても欧米ブランドに傾倒しがちですが、近年売り上げが安定していたためマンネリ化し、パワー不足が顕著で、そろそろ新しい大人服ブランドを導入しなければならない時期に来ています。しかし、大人の女性向きだが派手過ぎず野暮ったくないブランドとなると、国内外ともに候補がいっぱいあるわけではありません。大人服フロアの活性化にはサポートサーフェスのようなブランドは導入候補の一つではないでしょうか。

東京都が若手デザイナー支援事業として始めた「東京ファッション・アワード」で選ばれたデザイナーは、パリの合同展示会「ショールーム東京」への出展と東京コレクションでの凱旋ショーの資金的サポートが受けられることになっています。アワードに選ばれ、パリの合同展で海外バイヤーに評価され、その後短期間で著しく成長した新進デザイナーがこれまでに数名います。今回もアワード受賞の6人がショーを開催しました。その中で特に気になったのが、アーネイ（羽石裕さん）のスポーツマインドです。

ニューヨークでは今、クリスチャンルブタンやロジェヴィヴィエ、シャネルなどラグジュアリー婦人靴のメイン商材は完全にスニーカーです。有力店の特選婦人靴売り場のフェイス数はパンプスよりもスニーカーのほうが多く、スポーツテイスト、スポーツマインドが時代の潮流。美と健康への関心の高まりから、ラグジュアリーなスニーカーとスポーツマインド服は富裕層にとって不可欠な存在になりました。

東京では依然、スニーカーよりもパンプスが人気上位ですが、そ

東京ファッション・アワード
東京都が若手デザイナーの海外進出支援のために設立した表彰制度。選ばれたデザイナーにはパリでの展示会出展のチャンスが与えられる。運営はＪＦＷ（日本ファッション・ウィーク推進機構）事務局。

東京ファッション・アワードで選ばれたデザイナーのブース（ファクトタム）

ろそろ東京コレクションにヨウジさんとアディダスのコラボによるY―3のような感覚のブランドが登場すればなあと期待していました。そこへ今回のアーネイは、男女ともモデルが全員スニーカーを履き、服はスポーツマインド。デザイナーの羽石さんは数年前までY―3に携わっていたと聞いて合点しました。東京ではストリート系が最も重要かもしれませんが、スポーツ系もこれから伸びるカテゴリーです。この路線を手掛ける若手がもっと出てきてほしい。

今シーズン、若手デザイナーの中でもう一人名前を挙げるなら、コトハヨコザワの横澤琴葉さんでしょうか。縫い目はほつれて穴空き、デニムは切り刻んでほぼ原型を留めず、全体に粗削りですが、服としてギリギリのバランスが保たれ、シーズンを重ねるごとに成長していると思いました。

他にもいくつか新しい発見があり、好コレクションもありました。意外にも若手デザイナーの中に、素材そのものや質感にこだわる人が数人出て来た点、今シーズンの大きな収穫ではないでしょうか。

アーネイはスポーツテイストのコレクションを発表

ブランドの継続と業界のリセット

モードの寵児が来日

September 14th,2019

パリコレを四半世紀以上にわたって牽引してきたフランスモード界の寵児ジャン＝ポール・ゴルティィエさんが久しぶりに来日し、昨日、ゴルティィエ展覧会のオープニングレセプションが開かれました。ゴルティィエさんは冒頭の挨拶で「オンワード樫山に採用されなかったら、今日の私はなかった。当時、服を作るにもお金が全くなかったから」と述べていました。どんなに有名になろうが恩を忘れない、だからゴルティィエさんはみんなから愛されるスーパースター

ジャン＝ポール・ゴルティィエ
まだ無名の時代にオンワード樫山パリ事務所にデザイナーとして採用され、その後一気にスターダムにのし上がり、四半世紀もの間、パリコレ人気ナンバーワンのデザイナーとして多くの若者に刺激を与えた。

なのですね。

1970年代中頃、オンワード樫山は国内アパレル有数の大企業に成長し、パリの高級紳士服合同展示会セムに参加しました。せめて会社の名前くらいは来場バイヤーに覚えてもらおうと、セムのブースでシャンペンをふるまったそうです。結果は受注ゼロ。パリ駐在所長の中本佳男さんが創業者の樫山純三さんに報告すると、「紳士服がダメなら婦人服でやってはどうか」と自社婦人服ブランドの海外販売を命じられたそうです。中本さんが「婦人服はもっと厳しいでしょう」と答えると、樫山さんは「どうすれば売れるようになるのだね」、それに対して「パリのことを知っている優秀なデザイナーを採用する以外に方法はありません」と答えたそうです。

中本さんはパリに戻ってさっそく30人ほどのデザイナーを面接し、ほぼ候補者を絞り込んだところに面白い若者が飛び込んできました。まだ無名のゴルティィエ青年でした。当時のパリは超人気だったケンゾー風、クロード・モンタナ風やティエリー・ミュグレー風を描く若いデザイナーばかり。その中で「ゴルティィエは〇〇風では

セム
かつてパリの紳士服業界でおしゃれなメーカーブランドが集まる合同展示会として有名だった。現在で言うなら「トラノイ」のようなもの。

クロード・モンタナ
1970年代前半、ジュエリーデザイナーとして活動を開始。76年、自身のブランドで婦人服コレクションを発表。ティエリー・ミュグレーとともに70年代後半から80年代前半にかけて人気デザイナーとして注目された。大きな逆三角形ショルダーのスタイルで有名。

ティエリー・ミュグレー
ダンサーであり、カメラマンでもあったファッションデザイナー。1974年に会社を設立し、本格的にコレクションを発表するよう

なく独特のデザインだった」と中本さんからうかがいました。

何せ無名の若者だったので、ギャラはかなり安かったそうです。ブランドの従業員もほとんどいなかったので、工場への職出しでもゴルティエ青年と中本さんが二人でボタンの数を数えて袋詰めしたとか。また、大きなショーをやるにも本社から与えられる予算は限られていました。そこで中本さんは知り合いのデザイナーたちに「みんなでテントを建てて施工費を割り勘にしないか」と説得して歩き、大型テントでのショーを実現したのです。後にパリコレのメイン会場は特設テントになっていました。

シーズンを重ねるごとにゴルティエの評価はうなぎ登り、気がついたら人気ナンバーワンの地位になっていました。当時のオンワード樫山婦人服担当役員の高田健治さんから「経費の追加を何度も要求され、それを中本は全部ゴルティエにつぎ込んだ」とうかがったことがあります。その甲斐あって、ジャン＝ポール・ゴルティエはパリコレの代表的ブランドに成長しました。

最大の出費は、ギャルリ・ヴィヴィエンヌに建てたゴルティエ直

になった。同じ頃に活躍したモンタナらと新人時代に日本に招聘され、「6人のパリ」（資生堂主催による伝説のイベント）で注目を集めた。

職出し
衣服の生産工程におけるサンプル加工発注作業。パターンを引いた後に生地や付属、指示書などを工場に引き渡すこと。

営店の施工費、そしてその盛大なオープニングパーティーだったでしょう。開店日には周辺の道路を封鎖し、会場にはメリーゴーラウンドが設置され、道路のあちこちで大道芸人がパフォーマンス、私がこれまで見たどのストアオープニングより規模は大きく楽しいものでした。

昨日、ゴルティエさんに「あのオープニングのとき、あなたはスカートをはき、中本さんは紋付袴だったことをはっきり覚えています」と話しかけました。紋付袴の中本さん、滅茶苦茶カッコよかったなあ。それから数年後に中本さんはオンワード樫山を離れ、リボンメーカー木馬のフランス進出などを支援しましたが、短期帰国中の健康診断で癌が見つかり、その3カ月後に日本で亡くなりました。パリに行くたびにいろんなことを教えてもらい、私は日本の業界リーダーを彼に紹介した間柄だったのでとてもショックでした。

東京都とパリ市は姉妹都市で、毎年交互に文化交流イベントを開催しています。歌舞伎や大相撲、日本の花火などがパリで行われたりしています。88年にオートクチュール協会から大規模なファッションイベントを東京で開催してほしいと頼まれ、翌年に日本武道館で「東京国際モードフェスティバル（FIMAT）」（東京都、東京商工会議所、東京ファッション協会、東京ファッションデザイナー協議会共催）を行いました。私は現場責任のプロデューサーでしたが、このときフランスのデザイナーでただ一人、来日してくれたのがゴルティエさんでした。

FIMATの当日は日本武道館にゴルティエファンが殺到し、警備員が彼をガードできずパイプ椅子が数脚倒れるなど大混乱、武道館側から私は厳重注意を受けました。何と言っても当時のジャン＝ポール・ゴルティエはパリコレ人気ランキングで第1位をずっとキープしているスーパースターでしたから。またあの頃、服飾専門学校の学生たちはゴルティエのプロジェクトに関わりたくて、オンワード樫山の新卒採用に多数応募したそうです。

昨日はそれ以来、ゴルティエさんと30年ぶりの再会でした。

展覧会で披露されたコレクション

来日したゴルティエ氏

展覧会会場には熱烈なゴルティエファンが駆けつけ、ゴルティエさんは彼らに手を振ったり、握手をしたり、一緒に記念撮影をしたりと終始、ニコニコ顔で応対していました。人柄ですね。このイベントに合わせてゴルティエさんが過去のコレクションから選んだ数点を再現した商品には特別な織りネームが付いていました。ゴルティエファンにはたまらないでしょうね。

特別な思い入れ

September 28th,2019

恥ずかしながらロジェヴィヴィエ（1937年創業）の名前を初めて知ったのは今世紀に入ってから、ニューヨーク五番街にあるサックスフィフスアベニューのラグジュアリードレスフロアの入り口にポツンとブティックができたときでした。このときはどう発音するブランドなのかわかりませんでしたが、その四角い金具の付いた婦人靴には惹かれるものがありました。

ネットで調べてロジェ・ヴィヴィエ（98年逝去）のことを知りました。戦前のスーパースターであるジャズ歌手・女優ジョセフィン・ベーカーのために靴をデザインしたこと。戦後すぐに、当時全盛期のクリスチャンディオールのオートクチュールコレクションに靴デザインを提供したこと。エリザベス女王の戴冠式ではアクセサリーもドレスも全て英国製なのに、靴だけはなぜかフランスのヴィヴィエだったこと。イヴサンローランの有名なモンドリアンルックの足下もヴィヴィエ。そして、ブランドが閉鎖された後にイタリアのトッズが再興したことなどを知りました。

私は部下たちに「今後は美しい婦人靴が最重要カテゴリーだ」と、クリスチャンルブタン（ヴィヴィエ最後の弟子）、マノロブラニク、ジミーチュウとともにロジェヴィヴィエの調査と導入を提案しました。ロジェヴィヴィエの導入にはトッズジャパン経由で交渉するしかありませんでしたが、当時は別の百貨店と交渉していたら

モンドリアンルック
オランダの抽象画家ピエト・モンドリアンの作品にヒントを得て、サンローランが1965年に発表したミニドレス。白地のプレーンなワンピースが縦横に黒の直線で分割され、そこに三原色が配色された。現代アートをファッションに取り入れた初の試みと言われている。

トッズ
1920年代に創業したイタリアの靴ブランド。ゴムの突起をつけたドライビングシューズが有名。デレク・ラム、アレッサンドラ・ファッキネッティなど外部デザイナーを起用。また、一度消滅したロジェヴィヴィエ、エルザスキャパレリを再興した。

しくなかなかレスポンスが返ってきません。そこでパリコレ出張した部下のファッションディレクターは、招待状もないのに直接、パリの展示会場に出かけました。受付で自分は松屋のファッションディレクターで、招待状送付をお願いしたが届かなかった、非常に興味があるので新作を見せてほしいと伝えたそうです。

次シーズンのパリコレのとき、私はロジェヴィヴィエのイベント会場でトッズのオーナーであるデッラ・ヴァッレ会長に耳打ちしました。「日本でトッズの一番の客は私です。わが家にはトッズの靴しかないし、100足以上も持っている。その私からのお願いです、ロジェヴィヴィエのショップを松屋に作ってほしい」と。

その数カ月後、ヴァッレ会長が来日したときに「どうしてトッズは最近、タッセル付きの紳士靴を止めたのですか。大判のダイアリーは重いので小型ダイア

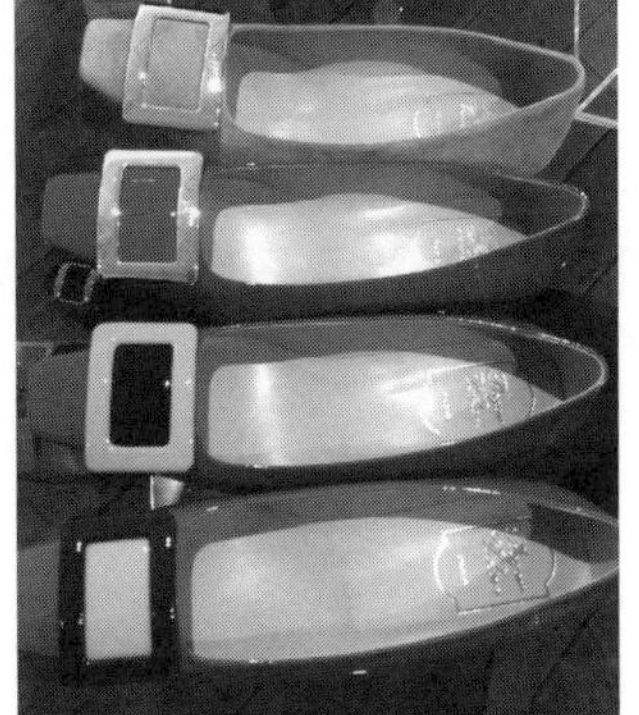

写真上はロジェヴィヴィエのパンプス、下はイベントの様子

リーが欲しいけど、製造していませんよね」と質問すると、「そんなにトッズのことが好きなら、ぜひ本社工場に来てください」と誘われました。

そして数カ月後、イタリア半島東側のアドリア海に面した田舎町にあるトッズ本社工場を訪ねました。これでこちらの本気度が伝わったのか、都内1号店を開くことができました。なので、ロジェヴィヴィエは私にとって特別な思い入れのあるブランドなのです。

現在、松屋銀座店の1階中央ホールでは「シネマ・ヴィヴィエ」というイベントが開催中です。外資ラグジュアリーブランドは、こういうスペシャルイベントを企画すると面白い空間演出を考えてくれます。ビジネスですからたくさん販売したいのは誰も一緒ですが、ファン層を広げるために施工費を厭(いと)わない、ありがたいですね。

2018年3月、ブランド再興の立役者ブルーノ・フリゾーニ氏が退任し、後継のクリエイティブディレクターにディオールやミュウミュウで靴デザインを手がけてきたゲラルド・フェローニが就きました。ファミリーが靴関係の仕事に携わり、子供の頃から靴に囲

ゲラルド・フェローニ
高級靴を製造する家に生まれ、幼少時より靴に囲まれて育つ。ディオールでジョン・ガリアーノ、ラフ・シモンズの下でキャリアを積み、ミュウミュウで靴やレザーグッズのデザインディレクターを務め、ロジェヴィヴィエに移籍した。

（上から時計回りに）トッズ本社、創業者が使用していた古い道具、従業員のために本社に併設された幼稚園、工場の様子

まれて育った人。雑誌のインタビューでこんな発言をしています。

「ロジェヴィヴィエの魅力は、彼自身がクリエイトしたアーカイブがきちんと保存されているということです。メゾンに入った最初の何日かはそのアーカイブを研究しました。歴史あるメゾンでクリエイションをする一番の難しさは、メゾンのＤＮＡであるアーカイブと今の時代をいかにコネクトさせてコンテンポラリーなものを発表するかということ」

　歴史あるブランドのＤＮＡをどう守り、いかに発展させるかはとても重要なことです。近年、新任のクリエイティブディレクターがブランドＤＮＡより自分が捉えた時代感覚を優先し、長年のファンをがっかりさせるケースが増えています。中にはブランドイメージをガラリと変えようとして失敗し、経営陣から契約途中で解任され、ブランドそのものを消滅させてしまった例もあります。それだけに、ブランドたるもの、やはりしっかり創業者のＤＮＡなりブランドの十八番を守る中でクリエイションをしてほしい。ゲラルド・フェローニに期待です。

Perspective

ファッションビジネスの構造矛盾を見直し、新型コロナ禍を業界リセットの機会に

無観客のコレクション

新型コロナウイルスの感染拡大は早い段階でイタリア北部に飛び火し、２月に開催中だったミラノコレクションの後半には早くもその影響が出ました。スケジュール最終日に新作発表を予定していたジョルジオアルマーニは無観客ショーに急きょ変更、日本人デザイナーのアツシナカシマに至っては当局の中止命令によって無観客ショーすら開催できませんでした。せっかく東京からミラノに乗り込んだのに、何とも可哀想な結末でした。

ミラノコレ最終日のアルマーニの無観客ショー、続くパリコレはどうなるのか心配されましたが、各国バイヤーの数は大幅減少だったもののどうにか普通に開催されました。３月後半の東京コレクションも開催できると思っていましたが、日本では大相撲もプロ野球オープン戦も無観客開催となり、コンサートや観劇など大勢の人が密集するイベントは強行しにくい状況でした。

そこへ飛び込んできたのが、パリで開かれた素材見本市プルミエール・ヴィジョンに参加した日本企業の社員数名が帰国後に発症のニュースでした。デザイナーや企業との関係も深いため感染の広がりを懸念し、東京コレクションを主催するＪＦＷは断腸の思いで中止を決定しました。無観客ショーも選択肢にはありましたが、スタッフやモデルの安全を考えるとＪＦＷ理事の私も中止に賛同するしかありません。ほとんどの東京ブランドは写真や動画の配信で新作を披露しました。

コロナ禍の早期収束は望めず、２０２０年6月のミラノとパリのメンズコレクション、その後のオートクチュールコレクションは早々と中止を決定。秋になってコロナ感染が再燃するようなことになれば、ミラノ、パリコレは通常通り開催できないでしょう。おそらく参加予定のブランドは、先の東京コレクションのようにデジタル配信の道しかありません。既にファッションウイークそのものを今後はオンラインのデジタル配信で見せようと動き出した都市もあるそうです。

モデルが新作の服をまとって観客の前を歩く、19世紀末から１００年以上続くコレクションの発表形式は、新型コロナの感染リスクとデジタル技術の飛躍的な進化によって大きく変わるかもしれません。

これまでコレクションの観客は、各国メディアの記者や編集者、小売店バイヤー、ショッピングセンターのテナントリーシング担当者たちと一部のセレブだけ。業界関係の招待客だけで会場はいっぱいになるため、ほとんどのブランドは一般消費者に新作コレクションをリアルタイムで見せることはできませんでした。しかしランウェイ形式ではなくデジタル映像配信形式になれば、業界関係者のみならず一般消費者までもリアルタイムで新作コレクションを楽しむことができます。ファッションのクリエイターと映像のクリエイターがコラボすることで、これまでにはなかった新感覚の映像作品が生まれることも期待できます。

コレクションのデジタル配信だけでなく、バイヤーの発注業務も変わりそうです。デジタル発注でもビジネスに支障がないとなると、毎シーズン、長期間の海外出張を余儀なくされてきたバイヤーたちの行動が変わります。婦人服コレクションの場合、ニューヨーク、ロンドン、ミラノ、パリの4都市を回ると1カ月近く発注の旅に出なくてはなりません。コレクション会場はどこも観客が密集し、常に健康リスクがありました。それが、自分のオフィスにいながらコレクションの詳細を把握でき、実際の発注業務がネットで可能となれば出張する必要がなくなります。

ショーを視察して展示会を回って発注をする一連の業務は合理化され、大規模見本市もデジタル開催になるかもしれません。現地で実際に商品に触れることなく発注するというのはちょっと味気ない気もしますが、人が密集するリスクの高い場面を回避できるので喜ぶバイヤーやプレス関係者はいます。デジタル技術の進化で〝e見本市〟や〝eコレクション〟が始まるのは時間の問題でしょう。

スローダウンの機会に

ミラノで無観客ショーを開催せざるを得なかったアルマーニは、ファッション専門紙を通じて刺激的なメッセージを発しました。近年のファッション業界のコレクション発表スケジュールや店頭販売スケジュールは異常で、まるでファストファッションと同じ手法と断じています。真冬にリネンの春用ドレスを、真夏にアルパカの冬物コートを販売している業界のやり方は間違いであり、「今回の危機は、業界の現状を一度リセットしてスローダウンするための貴重な機会でもある」と訴えたのです。

アルマーニに続いて、ドリス・ヴァン・ノッテンら他のデザイナーやブランド関係者が業界に向けて公開書簡を出し、シーズン展開とセール時期の見直し、生産過剰とサプライチェーンを見直して持続可能なビジネスに戻ることを呼びかけました。さらに米国ファッションデザイナー協議会のトム・フォード会長と英国ファッション協議会のステファニー・フェア会長は、「ファッション業界のリセット」と題した共同声明を発表しました。過剰生産、スケジュールの見直し、プレシーズンコレクションのあり方、サステイナビリティーと質の向上などを説いています。

これまでのファッション業界の仕組みそのものに大きな矛盾があり、このコロナ禍を機に冷静に見直すべきではないか、という声があちこちで出てきました。そうなると、生産や企画のタイミング、新作発表のスケジュール、シーズンの立ち上がりやセールの時期、コレクションの意味も大きく変わりそうです。

さらば思惑マーチャンダイジング

1990年代後半から、米国大手百貨店の主導か、早期デリバリーのプレシーズンコレクションは徐々に重要性を増し、シーズン全体の売り上げの7割がプレシーズンの発注分、ミラノやパリコレ時の発注分はたったの3割程度になりました。当初は定番的なベーシック商品がプレシーズン展示会場に並びましたが、その発注がシーズン全体の7割を占めるようになるともう立派な新作コレクションの様相になりました。

春物プレシーズンの受注会は6月後半から7月初め、ちょうどパリの秋物オートクチュールコレクションの頃です。そのデリバリーは11月、これから寒くなって本格的な冬を迎えようというタイミングに翌春物商品が売り場に並びます。しかしシーズン立ち上がりにお客様が春物の半袖セーターを買っても、実際に着始めるのは数カ月先のこと。明らかに生活実感を無視した業界の〝思惑マーチャンダイジング〟です。

春物商品が店頭に並ぶと前シーズンの秋冬物はセールになります。まだ本格的な寒い冬が来ていないうちにもう秋冬物セール、これが現在の世界のタイムスケジュールになっています。明らかに現実離れであり、過剰在庫はどんどん廃棄され、地球環境にマイナスです。そのことに作り手のブランド側も売り手のバイヤーもおかしいなと気づいてはいましたが、これまでは誰も止められませんでした。が、今回のコロナ禍で、消費者の生活実態とは関係なく業界の思惑で強引に早送りを進めてきたことに対して、是正が必要と主張する業界関係者が増えました。アルマーニら有力デザイナーの発言はさすがに重みがあります。

各国でコレクションが中止され、デジタル技術とクリエイションによる新たな取り組みが始まって、新作発表は大きく変わる可能性があります。単に見せ方だけでなく、新作発表のスケジュール、シーズンMDの考え方、発注業務などの仕事の仕方も、この先は大きく変わるでしょう。コロナウイルス感染拡大によってファッション流通業界の矛盾をみんなが認識し、クールダウンの良いきっかけになりました。

May 24th,2020

ファッション業界のリセット
コロナショックで、早期納品のプレシーズンコレクション中心のMD、早期セールの実施、大量の廃棄処分を改め、消費者の日常生活に即したタイムスケジュールに戻すべきではないかという声が強くなってきた。その中で米英のファッション協議会が出した共同声明。

C反
置き場

第4章
価値あるものを作る

国内産地の疲弊が進む中、得意分野を磨き、世界のトップブランドと対等の関係でものづくりに取り組む工場が存在する。〝安くて良い〟が依然主流の国内アパレルにあって、いち早く〝おまけしない〟姿勢を貫き、独自のポジションで進化を遂げている。

産地に行く、工場に学ぶ

日本素材をもっと海外に

November 24th,2018

中国ファッション流通業界の経営者たちの訪日視察団に今年4月、初めてセミナーを行いました。それ以来、どういうわけか、中国人ビジネスマンに日本のファッションや流通業のことを講演する機会が増えました。一昨日で6回目になり、来月にも一つ頼まれています。

一昨日は浙江省のアパレル関係者でしたが、珍しく若い女性たちが多くいました。中国ファッション流通業界も日本と同様に男性社会なのでしょう、経営層となると男性の参加者がほとんどで、女性のほうが多い訪日団は初めてでした。しかもみなさんオシャレで、二人の女性はロジェヴィヴィエのパンプスを履いていました。上海のモールにヴィヴィエが出店したのはかなり早かったから、中国では人気があるのでしょう。

昨日のテーマは日本のファッションの強み、そしてブランディングの課題でした。自動車や電機など日本企業が製造する商品には〝顔がない〟という話をしました。自動車メーカーも電機メーカーも長年、「性能が良いわりには安い」「品質が良いわりには安い」を売り文句にしてきましたが、「カッコ良いから高い」と胸を張ったことはまずありません。

カリスマ経営者が逮捕されて大騒ぎになっている某大手をはじめ、日本の自動車メーカーはどこもかなりの数のブランドを有しています。それに対して、メルセデスベンツやBMWにブランドはいくつありますか。シリーズの種類はいくつかありますが、ブランドの数そのものは一つです。

しかも、目の前を通過したらメーカーのロゴを見なくてもベンツなのかＢＭＷなのかすぐ判別できるのに対して、日本の自動車の大半はロゴを見ないことにはメーカー名はわかりません。日本の産業界の弱点はそこにあります。こう説明したら、受講者たちは大きく頷（うなず）いていました。前職のクールジャパン機構でブランディングの説明のため頻繁に使った事例です。

セミナー中に質疑応答の時間をとれなかったので、ランチタイムに質問を受けたらいいやと思っていたら、このレストランは店内での撮影は禁止、大声で質疑応答できる雰囲気でもありません。ランチの後に受講生が銀座に向かうバスに同乗し、車内で質問を受けました。

浙江省でアパレル製造業を営む女性経営者から、「中国製素材を使っていますが、品質が悪いのでどうしても良い製品ができません。日本の素材を使いたい、どこへ行ったら素材を見ることができるのでしょう」と質問されました。ちょうどバスが丸の内を通過するところだったので、「すぐそこの東京国際フォーラムで今日と明日、プレミアム・テキスタイル・ジャパンが開催中です。良い素材を作っている会社がたくさん出展しているのでご覧になったら」とアドバイスし、バッグに入れていた私の招待状に展示会責任者の名前を書いて差し上げました。

日本のファッションデザイナーがいかに素材メーカーと濃密な関係なのか、差別性の高い商品を開発するには素材メーカーといかに取り組むべきか、イタリアの職人気質と日本のそれとの大きな違いをセミナーで解説したからでしょう、女性経営者は俄然、日本製素材を使ってみたいと思ったようです。

日本のテキスタイルメーカーは上海の大規模テキスタイル見本市に参加していますから、浙江省のアパレルメーカーなら日本素材を手に取ったことはあると思いますが、あまりご存知なかった。大規模見本市はブースの数も多く、視察者は全てのブースを回れないのでしょう。

パリのファッションや雑貨の大規模見本市でもそうですが、出展者としてブース内にただサンプルを並べているだけでは来場者の

プレミアム・テキスタイル・ジャパン（PTJ）
高級テキスタイルに特化したビジネスマッチングの場作りを目的とする素材展。素材調達の決定権を持つ来場者が過半数を占める。

PTJ のエントランス

目に留まりませんし、日本製の良さも伝わりません。ちゃんとした個別の動員計画を立て、事前アポをとることが重要です。しかも、しっかりと商品説明をしないことには良さは伝わりません。この点が日本の見本市出展者の弱点です。製品が優れているからきっとわかってもらえると考えてはダメなのです。他社とはどこがどう違うのか、そこをしっかりと説明できないと単純に「値段が高い」と受け止められ、満足な注文は入りません。

質問した女性経営者はさらに、「次回日本に来たら良い素材をまとめて見せてくれるところを回りたい。どこへ行けばいいのか」と訊いてきました。「繊維産地ごとに扱う素材カテゴリーは違うから1箇所で全てのカテゴリーを見ることは難しい。まずは見本市でリサーチして、後日、興味ある素材産地を回っては」とアドバイスしました。

前職（クールジャパン機構）でも、日本のテキスタイルやニットをもっと海外に展開する仕組みは作れないか、産地と海外をつなぐオールジャパンの共同体はできないか、関係者とかなり議論しまし

メイド・イン・ジャパンの優れた素材が集結（PTJ）

た。昔は商社の繊維輸出部隊が意欲的に動いていたのでそれなりに輸出していましたが、大口の欧米アカウントが低価格素材を求めて中国やタイ、ベトナムに供給源をシフトしたため、輸出部門は縮小あるいは閉鎖されました。

しかし、今再び欧米のトップブランドが日本での素材調達を増やしています。北陸の合繊メーカーは世界的ブランドに高密度ポリエステルを大量に供給しています。フィービー・ファイロの時代のセリーヌ、バレンシアガはコレクションの半分以上の素材を日本で調達していました。織物そのもののクオリティーもあるでしょうが、もう一つ魅力があります。後加工の技術です。セリーヌの構築的なラインには日本の後加工技術が不可欠でした。シャネルもエルメスも日本各地の繊維産地から上質のテキスタイルやニットを調達しています。

もしパリに日本素材をいつでも見せることのできる常設ショールームがあれば、トップブランドによる日本素材の導入はもっと増えるのではないかと思います。プルミエール・ヴィジョン、ミラノウニカなどの見本市や現地販売エージェントを通して販売はできますが、日本の産地とブランド側が常時コミュニケーションをとれる仕組みを作れば、特殊な後加工技術がある日本はもっとテキスタイルを世界のトップブランドに輸出できます。

今回のセミナーを受講した中国アパレル企業もそうですが、欧米や日本企業のＯＥＭ（相手先ブランドによる生産）や自社ブランド開発に目を向け始めています。ブランドとして付加価値の高い商品を開発するには、差別性ある日本素材の採用に進む中国企業もあるのではないでしょうか。価格志向のマーケットに向けて商品を供給するアパレル企業は、生産拠点を中国以南の国々にどんどん移しますが、価格だけではないものづくりを目指す中国アパレルは、日本素材にも目を向けるはずです。

こういう動きに日本の繊維メーカーはどのように対応していくのでしょうか、また国内素材展はどのように中国アパレルの来場者を増やすのでしょうか。もう一度、海外戦略を練り直すべきかもしれません。

中国アパレルへの輸出を含めた海外戦略が課題

国内でものづくりを

December 13th,2018

このところ米中貿易摩擦はどんどんヒートアップしています。関連ニュースで気になるのは、米国から中国に輸出している主要品目が大豆、小麦、トウモロコシなどの農産物で、逆に中国から米国に輸出しているのは上位品目はハイテク関連の機械や部品であることです。どっちが先進国なのだろうと思いませんか。トランプ政権は米国車への中国関税が高過ぎると主張していますが、いくら関税を下げても性能もデザインも悪い米国車は中国市場で満足に売れないでしょう。

米国企業は1セントでも工賃が安い生産拠点を求めて世界中を渡り歩き、米国内のものづくりを守ろうという考えがありません。米国で生まれたジーンズも、南部のコットンプランテーションで今も綿花を大量栽培していますが、自国内で紡績はしない、デニム生地を作らない、ジーンズの縫製もしない。ジーンズを生産している国に綿花を輸出し、バングラデシュや中国から完成品のジーンズを大量に輸入して販売しています。産業の空洞化は明らかです。自国内でのものづくりを放棄した米国の対中貿易上位品目が農産物というのも、わかる気がします。

第2次世界大戦後に米国が歩んできた道を見ると、ものづくりを自国内に残すことがいかに大切なのかよくわかります。日本では11年前（2007年）、圧倒的に輸入品が多いニットの国内生産の火を消してはならないと、ニット業界の重鎮と経済産業省の若手官僚が奔走して補助金をかき集め、「ジャパン・ベストニット・セレクション」が始まりました。13年からは出展メーカーの刺激になればと、優秀な企業を表彰するアワード審査が設置され、私はその審査員長を仰せつかっています。

日本のニット産業界は、島精機製作所のホールガーメント技術に支えられています。多くのニット工場が島精機の無縫製編み機を導入し、無駄のない生産と新しい編み地の開発が容易にできるように

ジャパン・ベストニット・セレクション
ニット業界の活性化と日本のものづくりを守るため、役所の支援を受けてニットメーカー有志が始めた年に一度のニット合同展示会。ブースのサンプルを評価し、優秀出展社に「アワード」が贈られる。

なりました。ただ、編み機とクリエイションがうまくリンクすればより強みを発揮するのですが、工場側が創意工夫しないとどのメーカーも同じような表情のニット商品になってしまいます。

ベストニット・セレクションに出展しているニットメーカーのほとんどは島精機のホールガーメントを導入していますが、今回のアワード審査では特に〝島精機丸出し〟ではない商品を作るメーカーに着目しました。そして、過年度受賞のメーカーよりもこれまでアワードに縁がなかった出展者に目を向けようと各ブースを回りました。

出展者のレベルは年々上がり、メーカーそれぞれに工夫して作ったサンプルを展示するので、どうしても審査員の票は割れます。審査員と議論の末、かつてグランプリを受賞しているけれどその技術力は素晴らしい、商品の完成度が極めて高いと評価し、山形県寒河江市の佐藤繊維をグランプリに選出しました。

佐藤繊維の無縫製ニットジャケットは立体感があって軽く、布帛の高品質ジャケットに劣らぬ出来映え。海外の某ラグジュアリーブランドから強い取引要請があったにもかかわらず、そのブランド固

年々レベルアップするジャパン・ベストニット・セレクション

アワードの表彰式（2019年）

有の特殊技術と市場に認知されてはうま味がないと「ダブルネームならやりましょう」と返したそうです。しかしラグジュアリーブランドが工場とのダブルネームを簡単に承諾するはずはなく、結局、この技術の採用は見送られました。ハンドメイドの素晴らしいテーラードを作ることで定評あるデザイナーブランドをその気にさせただけのことはあり、過年度受賞者であろうとここはグランプリ表彰となりました。

準グランプリの対象は2社なのですが、議論の末に3社が最終的に残り、審査員全員でもう一度展示場に戻って三つのブースをチェックしてから決選投票を行いました。その結果、スポーツテイストが新鮮と評価されたマックスニット（新潟県見附市）と国内クリエイターとの仕事が多い大河内メリヤス（福島県伊達市）に決まりました。

かつて島精機が海外の繊維機械見本市でホールガーメントの新型編み機を発表する前に、当時絶好調だったギャップはこの高価なマシンを大量に先行発注しました。その納品先はアジアの生産拠点ではなく、米国本土の工場でした。このマシン、生産プログラムと糸をセットしておけば無人に近い状態で稼働させることができます。工場で人手が不要ですから人件費の安いアジアの工場ではなく、消費地に近い米国内で生産してもコストは上がらないと当時のギャップの経営陣は考えたようです。経営陣が交代した現在もギャップがこの機械を米国内で活用しているかどうかはわかりませんが。

機械がさらに進化しているので、人手はもっとかからずほぼ無人でニット製品を生産することができます。日本のニットメーカーにはコストの安い海外拠点ではなく、日本国内で良いものづくりを続けてほしい。国内生産を維持できればニットのデザインや技術の後継者を育てて技を継承することができ、店頭からの追加発注にも迅速に対応できます。

何もニットに限ったことではありませんが、資源のない国だからこそメイド・イン・ジャパンの火を消さない、ファッション流通業界みんなで考えたいことですね。

島製機製作所のホールガーメント横編機

産地に足を運ぶ

February 18th, 2019

今日はものづくりの現場にもっと足を運ぼうという話です。先日、ある雑誌の企画で『誰がアパレルを殺すのか』の著者とお話ししました。対談が終わり写真撮影になったところで、対談相手から「ユニクロをどう思われますか」と質問され、私は「ものづくりの姿勢を高く評価しています」と答えました。全国の繊維産地を回ると、ユニクロの糸や生地を作っている現場にたびたび遭遇します。パリコレの超有名ブランドのワンピースとユニクロのEU企画のブルゾンが同じウールジャージーというケースもありました。

パリコレの超有名ブランドはおそらく1000メートルくらいのジャージーを発注しているでしょうが、ユニクロはどれくらいかと社長に訊ねたところ、何と160キロメートル。すごい量でした。ここまで大量に発注すれば原価はかなり下がりますが、アイテムこそ違え、世界的なパリブランドとユニクロが同じ素材とは驚きです。他にも、高密度ポリエステル工場でも、特殊加工の撚糸工場でも、ユニクロの注文を受けているメーカーがあります、とユニクロを評価する理由をお話ししました。

ファッション業界のセミナーで例え話としてよく申し上げていることがあります。お客様で賑わう回転寿司店は国内漁港に上がった本マグロを薄く、あるいは小さく切って握るか、冷凍インドマグロを分厚く切って握っている。これに対して人気のない回転寿司店は、冷凍インドマグロを薄く切って握るのでお客様の信頼を得ることができず、結局、店が賑わうことはないと。

国内の漁港に揚がる本マグロは、ファッションの世界では国内生産の上質素材と同じ。中国産やタイ産、バングラデシュ産に比べたら原価は高い、しかし手に取ったときの質感は比べ物になりません。日本製素材を使うのであれば、ロットをまとめて大量発注して原価を抑制するか、生地の使用量が少ないデザインを考案するか、とにかく工夫しなければ小売価格は跳ね上がってしまいます。

工場視察は物作りに欠かせない

世界のトップブランドがEU市場で2000ユーロ以上の価格で販売しているコートと同じ高密度ポリエステルを使っても、発注量やデザインを工夫すれば1着5万円のコートを日本縫製で作れないことはありません。でも、多くの国内メーカーは原価意識が強く、安直にアジア製の安いポリエステルを採用しようとします。ユニクロ以下の質感の素材を使ってユニクロの2倍以上の値段で販売しては競争力がありません。

そんな話を先日、あるアパレルメーカーの社長にしました。この社長、「産地出張旅費は削減しないから商社丸投げを減らせ」と指令しています。一方、大きなアパレルメーカーや名の通ったデザイナー企業には織物工場やコンバーター、商社が生地を選んで会社に売り込みに来てくれます。商談スペースがいつもこうした訪問客でいっぱいなんて仕事の仕方では差別性ある商品はできません。

そんな話をしていたら、静岡県掛川市の福田織物の福田靖社長がSNSで高島屋と阪急百貨店の合同チームが遠州産地に来てものづくりを勉強していった、とその研修の模様をアップしていました。

遠州産地
遠州木綿で知られる静岡県西部の織元集積地。泉州（大阪）、三河（愛知）と並ぶ日本三大綿織物産地の一つ。

アパレルメーカーでさえ最近は繊維産地に行かなくなりましたから、セーターやコート、ブラウスなど単品平場が消滅し、買い取りがなくなった百貨店の社員が産地に行く機会なんてほとんどありません。そんな状況にある中で、高島屋と阪急百貨店の合同産地研修が行われました。両社とも偉いです。

２０１１年の東日本大震災直後、松屋に復帰していた私はライバルの三越銀座店に、「被災地復興のためにも銀座を元気にするためにも、合同でファッションのイベントを仕掛けませんか」と投げかけました。そしてギンザ・ファッションウイークが始まり、〝ジャパンデニム〟の歩行者天国ファッションショーも開催できました。特定の繊維産地を取り上げるテーマを設定し、デニムの瀬戸内、合繊の北陸など各産地を三越伊勢丹本社チームと一緒に訪問し、松屋のバイヤーたちにも素材作りを体感する機会を与えました。

商品カテゴリーごとに平場があった時代、百貨店バイヤーは頻繁に工場に出向いて職人さんたちと商品企画の打ち合わせをしたものです。だから昔の百貨店バイヤーは商品そのものを語れる人、〝目

ギンザ・ファッションウィーク時のウィンドー

利き〟が多かったと思います。しかし気がつけばすでに平場はほぼ消滅し、産地に出かける機会を失った百貨店バイヤーたちはものづくりを肌で感じた経験がなく、ブランドのうんちくしか言わない〝机上空論バイヤー〟が増えました。

アパレルメーカーやデザイナー企業でも、商社や織物工場がサンプルを持参してくれるので、自ら生産現場に足を踏み入れる機会が少なくなりました。こんな楽な仕事をしていてはお客様のお買い物テンションを上げる魅力的な商品を作れるはずがありません。

一番困るのがニット製品です。情報会社が提供するファッショントレンドを入れて、島精機の無縫製編み機を導入したニット工場に製品を作ってもらったら、どこのブランドもみんな同じツラの商品になってしまいます。ブランドの織りネームを外したら、いったいどこのメーカーか、どのブランドかわからない、これではお客様は売り場でワクワクしません。

でも、島精機の高性能マシンを導入しても、その影を全く感じさせない特別な技術を身につけたニットメーカーもあります。佐藤織維はその一つです。そんな工場に行って職人さんたちと密に会話をすれば、新しい切り口のニットは生産可能なのですが、アパレルメーカーの企画者たちは地方の工場に出かけない。これでは魅力的なニット商品は作れません。

私がよく知るブランド企業では創業者の考えを受け継いで、若手アシスタントでさえ生産現場に行くのが当たり前、織機や編み機の音が聞こえる場所で企画の打ち合わせをするのが社風です。産地に行く出張旅費はカットしない、だからこそ他社にはない個性的な商品をたくさん生み出せる。ファッションメーカーにとって重要なことを大事にするブランドと、トレンド動向とコスト削減しか頭にないブランドとではお客様に与える感動が違います。

日本全国の繊維産地そのものは疲弊したかもしれませんが、日本には前述の福田織物のようにコツコツとものづくりに取り組んでいる良い工場がまだたくさん存在します。アパレルも百貨店も、こういう繊維工場にもっと足を運んでより魅力的な商品を開発し、提供してほしいです。

プロダクトの作り込みと発信

雑貨は半年にして成らず

March 13th, 2019

これまで欧米有力ファッションブランドのジャパン社幹部からこんなセリフを何度も聞かされてきました。「今度はデザイナー本人も本気で雑貨に力を入れていますから、期待してください」。そう言って売り場の移設拡大や新設を要求されます。

しかしながら、デザイナーが本気で作ったというものの、値段だけは高いハンドバッグや婦人靴に満足したことはほとんどありません。中には、先方と現場との話し合いでインショップの導入がほぼ決まっていた海外ブランドを「絶対に商品は良くならない」と導入を止めたこともありました。

洋服から事業を立ち上げて成功したデザイナーブランドのほとんどは、正直言って雑貨開発が下手なところが少なくありません。ニューヨークでもミラノでもパリでも、コレクションで発表した服は高く評価されても、雑貨の商品価値は低いブランドが意外に多いのです。こういうブランドのジャパン社のセールストークを信じて雑貨単独のショップを作ったら、まず失敗します。

ファッションブランドとして高く評価され、後に雑貨もお客様に支持されたブランドは世界を見回してもごく稀です。シャネル、クロエ、バレンシアガ、こういうブランドであれば雑貨だけのショップを切り離して展開しても十分やっていけますし、デカ箱のトータルショップに広げても効率が下がることはありません。もちろん雑貨類からスタートした歴史あるブランドでお客様の支持が高いブランドなら、もっと安心してデカ箱展開できます。

なぜ違いがあるのか。それは商品開発に対するスタンス、考え方に起因しているのではないでしょうか。ファッションは大別して春夏シーズンと秋冬シーズン、それぞれ約半年サイクルで新作を考案します。素材の手当は先行しても、展示会が終わったら半年先の次シーズンの展示会やショーに向けて具体的な企画・デザインに入ります。洋服はこのサイクルであり、トレンドの変化のスピードから何年も前から企画することは不可能です。

一方、雑貨のようなプロダクト商品の企画・デザインがこの姿勢では、売り上げの柱になるロングセラー、ベストセラー商品は生まれません。数シーズンも前からプロトタイプの製作にかかり、途中で修正に修正を加え、サンプルがベストの状態に仕上がるまで改良し続けます。一つベストセラー商品を作れたら、数シーズンにわたって長く支持され、結果的にブランドの顔とも言えるロングセラーとして継続販売できます。雑貨の売上構成比率の高いブランドにはロングセラーがつきものなのです。

半年ごとに忙(せわ)しく新商品を企画するファッションの世界と、時間をかけて改良を加えながら新商品を開発するプロダクトの世界では、根本的に仕事の仕方が違います。

ファッションブランドが本気でプロダクト商品を開発するのであれば、頭を切り替え、雑貨の開発だけは長い準備期間を置かなければなりません。デザイナーがいくら気合いを入れてデザインしても、約半年の短い準備期間でサンプルをベストな状態に仕上げることはできないのです。

半年サイクルでデザインする人たちの頭が切り替わっていないのに「今度は本気、期待してください」と言われても、にわかに信じ難いので、真に受けてはいけません。中には、世界的に信頼される雑貨ブランドと同じイタリアの靴工場で生産しているにも関わらず、なぜか履くと足が痛い靴しかできない有名デザイナーブランドもありました。根本的に仕事の仕方、考え方が違うのです。

好例は、ヨーロッパの百貨店婦人靴売り場でよく見かけるフランスのレペット社のフラットシューズでしょう。同社が長年培ってきたバレリーナのためのトウシューズの製造技術を使っています。もしもレペット社がバレリーナに愛用されるトウシューズを作ってい

レペット社
フランスの大女優ブリジット・バルドーが室内履き代わりに使ったことで有名になったのがこのバレエシューズの会社。バレエシューズの技術を生かし、履きやすい普通のパンプスも展開するようになった。

レペット社のフラットシューズ

なかったら、あの履きやすいフラットシューズはおそらく大ヒットしなかったでしょう。

ご縁があってレペット社とコラボしたことがあります。そのときデザイナーに「靴底のプラットフォームは絶対に触らないで」と念を押しました。コラボでもオリジナルのデザインを変更したがるのがファッションデザイナーの性(さが)、変えようとする意欲はわかります。でも、せっかくトウシューズの技術をもとに履きやすい婦人靴を作るのです、プラットフォームを変更したら履き心地が変わってしまいます。

現在、市場で支持を集めているスニーカーブランドについても同じことが言えます。特殊技術のある専門メーカーとのコラボで、半年サイクルのファッション界のやり方で企画を進めてはいけないと思います。何度もやり直して完成したプラットフォームはまさにプロダクト、これをベースにいかにカッコいい商品を作るかがカギではないでしょうか。

日本のファッションブランドはパリやミラノのブランドと比べる

と、概して雑貨の完成度が高くありません。その原因はプロダクトという意識が企画者に乏しいから。まずはプロダクト商品のような土台となる質の高いベースを時間をかけて作る。そのうえでカッコいいデザインを考案するならいいのですが、前者を意識する人が少ないのです。ファッションでは世界と対等に戦えても、雑貨となると日本勢が弱いのは根本的なプロダクト意識が欠けているからでしょう。

米国マイケルコース社の成功は、デザイナー本人と経営者が事前にしっかりと話し合い、ともに同じ目標を持ったからこそです。セリーヌのクリエイティブディレクターを退任してマイケルが自分自身のブランドに専念したとき、経営者のジョン・アイドル氏はマイケルの同意を得て、当時の洋服90％、雑貨10％の売上構成比を思い切って変え、洋服10％、雑貨90％のビジネスモデルに転換すると決めました。普通ならファッションデザイナーが卒倒しそうな提案でした。

アイドル氏が経営を引き受けた時点での売り上げは円換算で20億

ブランドビジネスの成功者、
マイケルコースのショップ

円未満、それが10年も経たないうちに100倍に拡大し、今ではジミーチュウ、ヴェルサーチを買収して一大ブランド企業グループに発展しました。ブランドビジネスは売り上げが大きければいいとは思いませんが、ブランドビジネスの経営戦略としては間違っていないでしょう。マイケルがセリーヌの再建に携わっていなかったら、こんなにスムーズに事業が拡大したとは思えません。やはりセリーヌでの経験があったからこそ、経営者の雑貨強化提案を受け入れられたのです。

日本にもマイケルコース規模のブランド企業が登場してほしいというわけではありません。しかし、ブランドの世界観を表現するうえで雑貨をもっと強化しようとするのであれば、雑貨はプロダクト商品であってファッション商品とは企画生産プロセスが根本的に違うということをしっかり認識しないといけません。

雑貨は半年にして成らず。お客様を長く魅了する世界で通用する日本発の雑貨が増えることを期待したいです。

ジミーチュウ
1996年設立。シューズを軸とするラグジュアリー・アクセサリーブランド。官能的な感性と遊び心、さらに機能性を備え、そのフィット感は高く評価されている。2017年、マイケルコースのグループ企業となった。

ヴェルサーチ
デザイナーのジャンニ・ヴェルサーチが1978年に設立。セクシーなデザイン、素材使い、巧みなカッティングでセレブなどファンを獲得している。2018年にマイケルコースが買収した。

ジャパンデニムは宝物

April 23rd,2019

年齢を重ねると日々の暮らしで自分なりの居心地いいスタイルに誰もが目覚めるもの。若い頃は経済的にちょっと余裕があれば新しいものにどんどんチャレンジし、結果的にそのときのトレンドを後追いしていたという経験は誰しもあるはず。でも、ある程度の年齢になると自分に合わないと思うものは敬遠、世のトレンドなんてあまり気にしなくなります。

私はもう20年以上、年中、濃紺色のセットアップを着ています。第三者から見れば毎日〝同じ〟格好かもしれませんが、自分的には〝同じような〟格好なのです。無地の日もあれば細いストライプ柄、やや太いストライプ柄と濃紺色セットアップでも日々着る服は変えています。

自分のスタイルと同時に、好きな肌感覚というのもあります。私は長い間、ジーンズを履いていません。カジュアルパンツはもっぱらチノパン、ゴワゴワするデニムの触感がどうにも苦手なのでジーンズは履きません。幼稚園の頃に母親が買ってくれたジーンズを「嫌い」と言ったらしく、以来、母親は私にジーンズを一度も履かせなかったことも少なからず影響しているのでしょう。

自分自身はジーンズを履きませんが、日本のデニムは世界最高峰、日本の宝物と信じています。数年前にジャパンデニムをテーマとして銀座の歩行者天国で大規模なショーを企画したのも、日本の宝物をもっと一般消費者に知ってほしかったからです。最近引き受けることが増えた中国のファッション業界関係者向けセミナーでも、ジャパンデニムの素晴らしさを毎回説いています。凋落（ちょうらく）傾向の著しい米国巨大ブランドの問題点は、単にコストの観点からジャパンデニムの使用を止めてしまったからだと私は思っています。

広島県福山市のカイハラのデニム工場を視察したことも、岡山県倉敷市内で開催されたジーンズ関連イベントに参加したこともありますが、児島ジーンズストリートに行ったことは一度もありませんでした。世界のラグジュアリーブランドがジーンズのみならずハンドバッグやシューズにも使っているジャパンデニム、そのメッカみたいな場所に先日、やっとお邪魔しました。

テレビ番組でもたまに児島ジーンズストリートを取り上げていますが、ジャパンデニムの素材の良さ、加工技術のレベルの高さはまだまだ世界各国、そして日本国内でも認知度が低いような気がします。日本の宝物をもっと世界にアピールする方法があるのではなかろうか、そんな目線で児島ジーンズストリートを歩きました。

ここに軒を連ねるジーンズショップの商品は決して悪くありません。しかし、通りに賑わいを生むかとなると課題がいくつもあるでしょう。全部ではありませんがショップの店構えが、通りに対してオープンな印象がしません。店内に足を踏み入れなくてもショップの商品特性が通行人に伝わるひと工夫がほしいのです。店内照明がもう少し明るければ通行人は入りやすいし、軒下に手に取ることができるデニム商品が多数並んでいたら自然と足は止まります。これはテナントそれぞれが話し合って実行すればすぐにできます。

日本のデニムの魅力を発信する児島ジーンズストリート

次に、行政機関などの協力が必要なこともあるでしょう。ジーンズストリートと呼ばれる一画の空き地をカフェやレストラン、その他のサービス施設で埋め、とにかく〝寂（さび）れている感〟をなくすことが重要です。桃太郎ジーンズが隣でカッコいいコーヒー専門店を開いていましたが、ここを訪れる人たちがひと休みできる施設なり飲食店なりを増やす必要もあるでしょう。

あるいは誰でも入館できるジーンズミュージアム、デニム資料館、ジーンズ中心の古着メガストア、体験型ギャラリーを、岡山県または倉敷市や商工会議所などとともに運営してガツンと情報発信するのはどうでしょう。ジーンズ、ジャパンデニムという強力コンテンツがあるのですから、訪問者がショッピングだけでなく、ものづくりやジーンズの歴史を学べる、藍染めや後加工作業を体験できる、職人たちと交流できる……この一画を全てジーニングライフ体験空間にして丸一日過ごせる工夫がほしいですね。

ジーンズ業界は毎年「ベストジーニスト」表彰を続けていますが、過年度受賞者の有名人にちなんだものをここでズラリと並べて

ベストジーニスト
ジーンズの魅力を広めるため日本ジーンズ協議会が1984年から毎年実施。ジーンズが最も似合う有名人を表彰する。

見せるとか、ギャラリーで彼らの業績や才能を顕彰する展覧会が年間を通してあったっていいじゃないですか。もしくは過去のジーンズブランドの広告写真を展示したり、ジーンズを履いた主人公がやけにカッコよかった懐かしい映画を常時上映するミニシアターだっていい。とにかく街全体を丸ごとジーンズの世界にすればいろんな人が集まり、賑わいがもっと醸成できるのではと思います。

児島から高松までは電車でたった30分、高松港から船がたくさん出ている瀬戸内海の島々では世界的ブランドになりつつある「瀬戸内国際芸術祭」が春、夏、秋バージョンで年に3回も開催されています。瀬戸内の島々を訪問するインバウンド客に児島にも来てもらう工夫を、関係機関とともに考えるべきでしょうし、世界中のジーンズ関連業界人を「まず児島に行かなきゃ」とその気にさせる情報発信も演出すべきではないでしょうか。「地元ジーンズメーカーがショップを並べています」という絵だけではインパクトは弱い。日本の宝物なのですから、世界に向けてもっとダイナミックな発信の仕掛けを期待したいです。

瀬戸内国際芸術祭
「あるものを活かし新しい価値を生み出す」。瀬戸内海に浮かぶ12の島と2つの港を会場に、現代アートを通して島の生活や文化、歴史などを浮き彫りにするイベント。2010年から開催されている。

ゆっくり作る日本製の価値

中国にものづくりを説く

April 30th, 2019

この1年足らずの間に何回、中国の訪日ファッション流通関係者にセミナーをやったか。数日前も新興アパレルの若手経営者たちにセミナー、いつものことですがみなさんメモを取りながら熱心に話を聴いてくれました。講師の私を気遣ってくれたのでしょう、3人の受講者が、私が以前働いたアパレル企業の服を身につけて参加していました。前日に都内の直営ショップで買ってくださったとか。こういう気遣いを中国の方もなさるとは驚きました。

セミナーの冒頭で、世界市場における大きな変化とその背景に触れました。消費者の生活価値観が著しく変わってきた、オンラインの発達で消費行動や売り方自体が変わって新しい勝ち組と負け組が生まれている、売上至上主義と使い捨て消費の反動からサステイナブルな生産と消費が急浮上、そもそも世界中のアパレルが過剰生産しているからプロパー消化率が極端に悪化している……などのことを説明しました。

次に、こんなことをお話ししました。巨大ファストファッション企業がバングラデシュなどアジアの発展途上国でブラックな活動をしてきたことが縫製工場崩落の大惨事で露見して以来、企業が〝脱ブラック〟を宣言するだけでなく、サステイナブルな工場運営を目指すと訴求し始めたこと。英国のバーバリーが売れ残り商品を大量に廃棄していたことが批判され、商品廃棄の是非が政府機関や業界内でも盛んに議論されるようになったこと。そして、ついにフランスではファッション商品の廃棄を原則禁止する条例が検討されていること（２０２０年2月に売れ残り品廃棄禁止法を施行）。

中国アパレル企業の若手経営者たちはみんな熱心

また昨秋、シアトルのスターバックスコーヒーでは、アイコンである緑色のストローを使う客が減少し、日本のスターバックスではプラスチックごみにならない新たな材料でストローを開発しました。企業も消費者も地球環境を真剣に考える動きが加速しています。ファッション業界でも、商品を入れるビニール袋やケミカルな手提げ袋の廃止を決めたブランド企業が国内外に登場し、米国のエバーレーンのように数年以内に化学繊維を使った商品化をしない計画を既に公表したところもあります。エシカル、サステイナブルは今後のファッション消費の重要なファクターであり、我々はこれからどう対応すべきなのか……。

この日の本題は、ものづくりの現場で起きていることです。特に、ヨーロッパのラグジュアリーブランドが日本製素材の採用を増やしている背景について説明しました。先日、岡山県の児島ジーンズストリートにある桃太郎ジーンズでデニムのチャームを購入し、いつも持ち歩いているナイロン製バッグに付けているのですが、これをメイド・イン・ジャパンの素材の良さ、日本のものづくりと世

スターバックスコーヒーのストロー
全世界の店舗で2020年末までにプラスチック製の使い捨てストローを全廃することを発表。日本の店舗ではFSC認証紙を使ったストローへの変更を20年1月から段階的に進め、3月には全1500店で導入した。太い口径のものは同年5月から開始。年間約2億本のプラスチックストローの削減になるという。

界のブランドとの関係を解説する例として使用しました。受講者にはかなり受けましたが、まさかチャームがセミナーの教材になろうとは、私自身思ってもいませんでした。

デニムチャームを使いながら、今どんなヨーロッパのラグジュアリーブランドがデニムを含む日本製素材を意欲的に採用しているか、逆にどんな米国ブランドが日本製の採用を止め、その結果としてこれら企業の商品はどうなっているのか、たっぷりと解説しました。加えて、ユニクロ向けの素材を作っている日本の工場で目撃したことを具体的に示し、ユニクロは大手ファストファッションとはものづくりの姿勢が全然違うと伝えました。

欧米のファッション系大学では近年、アジア系の留学生が目に見えて増えています。彼らが大学で学び、インターンシップで企業経験を積んで帰国して起業するケースが今後、

デニムのチャーム

きっと増えるでしょう。そのとき起業する若いデザイナーのクリエイションと生産現場のクラフトマンシップの関係、これにどうマーチャンダイジングの視点を加えていくのか。みなさんが自らファッション企業を経営しているので、すぐに納得してくれました。

本当はもっと日本の繊維産地の特性や日本素材の優位点を詳しく説明し、いくつかの工場を紹介したかったのですが、たった2時間では時間が足りません。いずれ機会があれば日本の素材の良さや職人技について、もっと具体的に話してみたいと感じました。

講義を終えて、主催者から「マーチャンダイジングにもっと時間をかけたセミナーは可能でしょうか」「中国に出張して研修するのは可能でしょうか」と質問されました。私はマーチャンダイジングを指導する人間ですから、その基本を学んでくださるなら中国でも台湾、韓国でも、どこにでも行きますよと回答して、その日は別れました。

今月後半にも経営者の二世を対象に別の中国セミナーを頼まれていますが、彼らにもものづくりの重要性をしっかり伝えたいです。

紡績から店舗まで一貫体制

May 31st,2019

見本市会場やニット工業組合の会議で顔を合わせるたびに「近々山形に行きます」と言いながらなかなか実現せず、私はオオカミ少年のようになっていた山形県寒河江市の佐藤繊維、やっと行くことができました。

東京駅から山形新幹線に乗って山形駅で在来線のワンマン電車に乗り換えておよそ3時間半、月山（がっさん）の頂きにはまだ雪、線路の脇は山形名物さくらんぼの農園、何とものどかで気持ちいい旅でした。出迎えてくれた佐藤正樹社長と一緒に、まず普通の民家で営業している蕎麦屋でもり蕎麦ランチ、のど越しが良くおいしかった。

オフィスにお邪魔して、どうして山形県がニット産地になったのか、会社の歴史とともども山形ニットの由来をうかがいました。明治時代初期、山形は養蚕が盛んでした。雪が多く屋外に出られないので、農家の奥さんたちは自宅で絹糸を作っていたそうです。そこへ羊毛が日本に伝わり、多くのヒツジを飼う農家が増え、ウールの生産が始まりました。ヒツジの肉を使ったジンギスカン料理は北海道よりも早く山形で始まり、後に北海道に伝わったと言います。

佐藤繊維を創業した曽祖父は絹から羊毛に家業を切り替え、この地で紡績業を開始しました。ところが、南半球から大量の羊毛が輸入されるようになって、いつの間にか山形ではヒツジを飼う農家が激減していったのだそうです。

佐藤繊維はニット工場として有名ですが、現在も自社工場でニット用ウールを紡績しています。佐藤社長の説明では、洋服用の紡毛生産は英国に始まり、次にフランスが細い梳毛を開発、さらにイタリアではニット糸の開発が進みました。紡績機の横でウールの綿に指で撚りをかけながらウール糸の発展経緯を細かく説明してもらったのでよく理解できました。また、意匠性のある特殊なヤーンをどういう思いで作っているのか、世界のトップブランドがニット用の糸にどんな関心を寄せているのかも、詳しく教えてもらいました。

佐藤繊維の本社

紡績現場の次は、ニットの製造現場へ。多数の島精機ホールガーメントマシンがずらりと並んでいました。高額の機械をこんなにたくさん保有している国内ニット工場はそう多くありません。最初に島精機から10ゲージの機械を買い、普通なら次に当時流行していたハイゲージの機械に行くところをあえてローゲージマシンを購入しました。どういう思いで商品開発をしたのかという物語から、この会社の考え方が理解できます。

昨年12月のジャパン・ベストニット・セレクションで、島精機のホールガーメント機を使って生産したとは思えない、島精機の社員でさえ自社マシンで作られたとわからなかったニットを見せてもらいました。島精機のホールガーメントは日本の宝ですが、これを導入しているニット工場が工夫しないと、どの工場のセーターも同じ表情になる難点もあります。が、佐藤繊維は機械に手を加え、編み地のデザインも工夫して、商品にオリジナルな表情を与えています。高密度ポリエステル工場でもデニム工場でも、世界のブランドを相手にしている繊維工場は一様にマシンに特別に手を加えていますが、佐藤繊維も同じでした。自社で特殊なヤーンを作れることも強みですが、島精機のホールガーメントを使いこなしているから世界の有名ブランドから引き合いが来るのでしょう。

それほどニット工場として優秀ですが、佐藤繊維の強みは自社ブランドを国内外で販売している点です。欧米各都市の合同展示会を巡回し、自社ブランドの売上構成比は年々上昇しています。ファクトリーが受注生産を続けながら自社オリジナルブランドを売る。ヨーロッパではこの取り組みにより、素材メーカーがいつの間にか自社アパレルブランドで世界的に有名になってラグジュアリーの仲間入りをした例はいくつもあります。おそらく佐藤社長もそこを目指しているのでしょう。

話はさらに続きます。佐藤社長は本社の横にセレクトショップもオープンしたのです。自社オリジナルブランド以外にマルタンマルジェラの服や小物、マメ（マメクロゴウチ）の透明バッグも販売しています。ニット糸の紡績を今も続け、開発した技術で差別性の高いニット製品を生産し、自社オリジナルブランドを強化してセレク

マメ（マメクロゴウチ）
デザイナーの黒河内真衣子が2010年に立ち上げた日本のコレクションブランド。デザイナーの海外進出支援を目的に17年に設立された「ファッションプライズ・オブ・トーキョー」の第1回受賞者となり、18年にパリコレで初めてのプレゼンテーションを行った。

トショップとオンラインでダイレクトにお客様に販売する。これぞ一貫体制のダイレクト・トゥ・コンシューマー（D to C）です。

佐藤さんの話から、以前に訪問した富山県高岡市の鋳物製造会社、能作を思い出しました。地方都市、零細企業、下請け製造、赤字続き、こんな製造業のワンパターンから脱するため、培ってきた金属加工技術を活用して自社ブランドを立ち上げ、錫（すず）でおしゃれな一輪挿しや酒器、風鈴を開発した会社です。こういう消費者に直接販売するメーカーが増えると、日本のものづくりはもっと元気になります。佐藤繊維にはさらなる飛躍を期待したいです。

脱平成ビジネス

June 19th,2019

私が毎日着ているスーツは尾州の葛利（くずり）毛織が織った生地を使用し

直営のセレクトショップも展開

ています。今も同社が動かしている古いションヘル織機、1950年代に爆発的に普及したローテク低速織機によるものです。対米繊維輸出が盛んだった戦後、尾州産地を称して〝ガチャマン〟と言われたのは、糸を左右に運ぶ織機のシャトルの音がガッチャンガッチャンとうるさかったことに由来します。

しかし、世の中万事が効率、コスト削減を追い求めるようになり、織るのに時間がかかるローテク低速マシンはいつの間にか高速マシンに代替わりし、さらにコンピューター制御付きハイテク超高速マシンが導入されるようになりました。そして、ションヘル織機は故障すると部品がないのでどんどん廃棄され、今ではほとんど尾州で動いていません。が、葛利毛織は今もこの古い織機にこだわっています。

ハイテク高速織機はションヘルの数倍のスピードでウールを織り上げますから、生産性はかなり向上する一方、経糸（たていと）の張りがゆるく、優しく織るからこそ出るションヘルの風合いはどうしても損なわれます。生産性とコストを考えたら高速織機への転換は仕方な

ションヘル織機
戦後、ウール産地の尾州は対米輸出で大儲けした。当時、織機のシャトル音がうるさいことから「ガチャマン」（ガッチャンと織れば万単位で儲かる）と言われたが、このときに貢献したのがションヘル織機。

1950年代から使っている葛利毛織のションヘル織機

かったのでしょうが、葛利毛織はションヘル織機を丁寧に調整してウール生地をゆっくり織り続けています。ションヘル織機で織られた素材のスーツ、私なりのこだわりなのです。

尾州最大手の中伝（なかでん）毛織の本社を訪問したとき、オフィス1階の中央部に故障して使用できなくなったションヘル織機が1台、オブジェとして置いてありました。尾州に一瞬のガチャマン繁栄をもたらしたマシンに敬意を表して、ということでしょう。

30年ほど前、尾州産地で中心的役割を果たしていた岩仲毛織の岩田仲雄会長は、「ゆっくり織って、ゆっくり寝かせて、ゆっくり出荷したいものじゃ」とよくおっしゃっていました。尾州の人々にとってションヘル織機は、ウールの良さを生かしてくれる永遠のマシンなのです。

高密度ポリエステルで有名な福井県の第一織物、こちらはコンピューター制御付き織機がずらり。ヨーロッパのラグジュアリーブランドの多くが、ここのポリエステル地やナイロン地を採用しています。コンピューターながら、第一織物は糸の送りを微妙にスロー調整（工場見学でマシンの裏側の写真撮影は禁じられました）して、独特の風合いを出しているのです。「味噌や醤油を手造りするようなもの」と吉岡隆治社長はおっしゃいますが、高速織機でじゃんじゃん織るのではなく、マシンに手を加えて低速織機で織ったような〝味のある織物〟に仕上げる、だから値段は少々高くても世界的ブランドは評価してくれます。

広島のカイハラのデニムも、山形の佐藤繊維のニットも、第一織物も、中伝毛織も、それぞれがハイテク織機を自分たちで改良して糸の送りを微調整し、ションヘル織機でゆっくり織ったような風合いを出そうとしている点が共通しています。もしも彼らが生産性とコストだけを重視してハイテクマシンを使っていたら、ラグジュアリーブランドは見向きもしないでしょう。かつて全国にあった繊維産地は崩壊状態ながら、工夫を続けて生き残った工場は世界の名立たるブランドから注文が来る。何とも不思

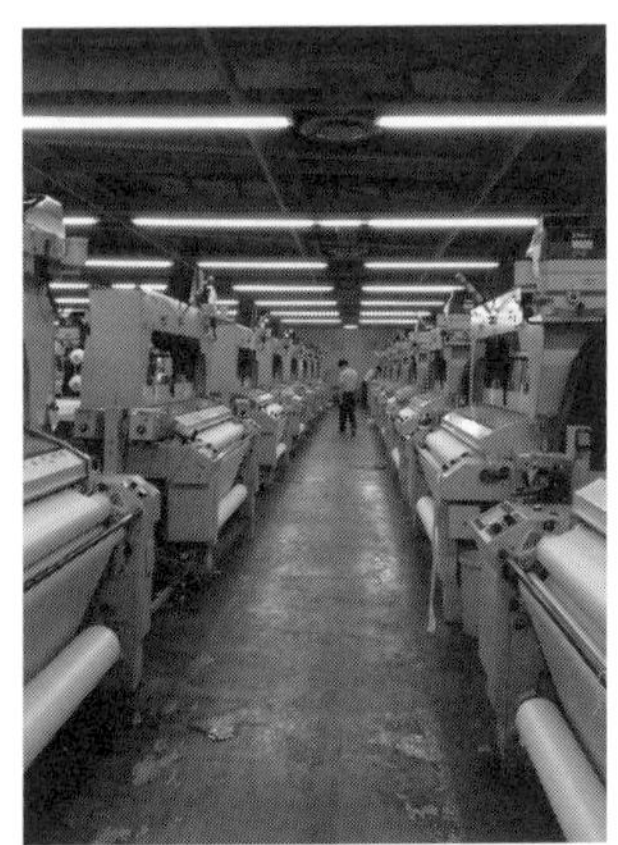

高密度に定評のある
第一織物の工場

微妙な糸の送り調整で独特の
風合いを生む（第一織物）

議な構図です。

生地屋の廃業にはいろいろな理由があります。私は特殊な織物を作ることで定評があったM社の社長の言葉がどうしても忘れられません。この織物工場、規模は大きくありませんでしたが、古い織機を活用して素晴らしい布をたくさんクリエイトした会社でした。数年前、M社長から突然のメールがあり、そこには「廃業を決心し近々発表する」として、廃業を決めた理由が書いてありました。

M社長が廃業を決めた理由は、若いデザイナーの一言でした。若手ブランドのデザイナーなのか、それとも有名デザイナー企業の若いアシスタントなのかはわかりません。要は、クリエイションやものづくりの会話の前に、「オタクは値段が高い」と言われたことが廃業の引き金でした。相手がハイテク高速織機を大量に揃えた大工場なら、このセリフはどうってことなかったのかもしれませんが、創意工夫して特殊なテキスタイルを生産し続けてきたローテク低速織機数台だけの小さな織物工場、経営者というよりも創作職人のような社長だからこそ、若手の言葉はショックだったようです。

尾州にも同じような話があります。織り上がった生地を加工、補正して価値を付加してきた整理専門のT社が廃業した背景がよく似ています。加工技術のクリエイションを理解せず、値段のことしか論じない生地メーカーばかりになったことを悲観し、経営者は次世代のためにも自分の代で廃業しようと決心したとうかがいました。

生産性、コスト削減ばかり求められて失望し、独自技術やクリエイションのある工場が継続を断念する、何とも寂しいことです。

平成のファッションビジネスはコスト削減の時代でした。安いロードサイド紳士服チェーンやファストファッションが勢力を広げ、海外SPAチェーンが続々と上陸、クリエイションやクオリティーよりも価格が最優先でした。上質素材や高度な技術を体感する機会を失った企画担当やMD担当が増え、コストのことしか言わない経営幹部も増えました。

某大手アパレルの経営者は「今、良いものを作れと言っても、現場は何が良いのかわからない。良いものに触れさせてこなかった私たちに責任がある」とおっしゃっていますが、平成世代は職場で良いものに触れるチャンスがほとんどありませんでした。１メートル３００円未満の安い中国製ポリエステルしか知らない彼らに、８００円以上する日本製高密度ポリエステルの話をしても無駄かもしれません。

しかしながら、こんな状態で、果たして日本はいいのでしょうか。そろそろ価格よりも先にクリエイションや質感の話をする企画担当やＭＤ担当が増えないと、日本に将来はないかもしれません。せっかく世界のブランドが認める味のある素材が日本国内にいっぱいあるのです、脱平成時代のファッション生産のあり方を真剣に考えないと。

本気にさせるクオリティー

結果が出た補助金

August 20th,2019

東京ファッションデザイナー協議会から松屋に転じて以降、しばらくの間、霞が関との関係がプッツリとなくなりました。経済産業省のファッション関連の諮問会議に出席していたときの所管は「繊維製品課」、しばらく役所とは没交渉だったのでファッション関連の所管が「繊維課」になったことも知りませんでした。

ある日、ＩＦＩビジネス・スクールの設立時にお世話になった業界人からセミナー講師を依頼されて出かけたら、もう一人の講師がたまたま繊維課の山本健介課長でした。名刺交換したらその後電話があり、「お手間はとらせませんから、ちょっと協力してもらえませんか」と言うのです。協力とは、繊維課が進める繊維製造中小企業の自立支援事業の審査でした。

沖縄返還の犠牲になった日本の繊維産業（日米繊維交渉によって対米輸出できなくなった）への補助金の残金が150億円ほどあり、これを産元商社やコンバーターへの依存から脱却して自ら販売チャネルを開拓する勇気ある中小企業に助成しようというプロジェクトでした。地方の組合や繊維団体への補助ではなく、ストレートに個別企業にお金を渡すことで繊維業界の構造改革ができるという役所の考えで、その民間審査員をしてほしいと頼まれたのです。

引き受けたらこれが大変な重労働でした。「お手間はとらせません」なんてものではありません。各審査員には審査対象の中小企業およそ50社分の資料が段ボールで5箱届き、各申請者の自立事業計画と過去3年の決算書類をまとめた分厚いファイルを読んで細部に点数をつけ、その後、各審査員がつけた点数の上位企業経営者を面

日米繊維交渉
沖縄返還の交換条件に日本の安価な繊維製品の対米輸出を止める交渉が日米間で行われ、結果的に輸出が難しくなった。沖縄の返還は繊維業界の犠牲の上に成り立ったとも言える。

接するのです。とんでもなく手間と時間のかかる作業でした。

国のお金ですから責任重大、審査員はインチキ臭い申請を厳しくチェックし、30分間の経営者面接では本当にやる気があるのかどうか、成功しそうな事業かどうかを問い詰めました。中には補助金が出たら高級外車を購入しそうないい加減な経営者もいれば、日本のものづくりを支援する補助金なのに中国や東南アジアの工場建設に充てるのが見え見えの申請もありました。面接のやりとりで怪しいと感じたらきっぱり「不合格」にし、本気で自立を計画している前向きな事業者だけを選んだのです。

自立支援事業の採点と面接は4年間お手伝いし、合計すると自分が担当した事業者の数十件に「合格」を出しました。この中には今も強く記憶に残っている事業者が数社あります。

その1社が天池合織（石川県七尾市）です。オブラートのように超薄手で軽く透けているポリエステルを面接会場に持参してきました。1メートル4000円の値段にはびっくりしましたが、羽衣伝説のような不思議な布は魅力的でした。自立事業として採択後、米国デザイナーがディレクターを務めていたフランスのラグジュアリーブランドがパリコレで、またオペラ座の衣装担当デザイナーがオペラのコスチュームで採用しました。

第一織物（福井県坂出市）の高密度ポリエステルとナイロンの開発、こちらには3年連続して支援を決定しました。一見ではただの化合織なのですが、手に取ると肌触りが素晴らしく、布の落ちが良くて美しかった。社長自ら海外ブランドに直接アポをとって売り込む姿勢はまさに自立事業そのもの。現在はダウンコートのリーディングブランドをはじめ、ヨーロッパのトップブランドの多くがアウター用素材として採用しています。

非常に魅力的なベロアを持ってきた青野パイル（和歌山県高野口）の社長さんとは面接後の休憩時間にトイレでばったり。本当は名乗ってはいけなかったのかもしれませんが、その場で名刺交換し、「サンプルを送ってくれませんか」とお願いしました。部下たちにこの薄いベロアを見せてやりたかったのです。薄さとぬめり、

天池合織の「天女の羽衣」

肌触りが半端なかった。

渡辺パイル織物（愛媛県今治市）の申請資料の中の「取引先」欄には、あるデザイナーブランドの名前がありました。面接に来た渡邊利雄社長に「この会社にはいくつかブランドがありますが、どのブランドとお仕事をなさっていますか」と質問したのですが、回答は「ブランドまではわかりません」。「ブランドの名前くらいしっかり覚えていないとダメですよ」と私は忠告しました。

同社は銀行の貸し剝がしに遭って、当時は経営が楽ではなかったと後年、社長自身からうかがいました。しかし自立事業採択後に新しい機械を導入して意欲的な素材開発を進め、今では世界に冠たるラグジュアリーブランドにファッションと雑貨用のパイルを提供しています。

先日、その渡辺パイル織物に出かけました。数年前にお邪魔したときにはなかった新しいショールーム、業績が急上昇していることがわかります。同社製パイル地を使った世界のトップブランドのカジュアルシューズを拝見しました。貸し剝がしに苦しんでいた地方の繊維会社が今では世界のトップブランドとの取引を増やしている。もしもあのとき補助金が出ていなかったら、おそらくこのショールームはなかったでしょう。

新ショールームの前で社長のお子さんたちと記念撮影をしました。姉の有紗さんはセントラル・セント・マーチンズで学びロンドンから帰国、弟の文雄くんはニューヨークで米国デザイナーらに日本製生地を売る会社で経験を積んで帰国、二人とも父親の仕事を手伝っています。地方の製造業では近年、後継者問題に悩む会社が多いと聞きますが、子供が二人とも家業を継承してくれるとは何と素晴らしいことか。

他にも、自立支援事業補助金によって自ら販路を開拓し、世界のトップブランドに織物やニットを納入する繊維会社が増えました。中小繊維事業者自立支援事業は繊維産業に向けた最後の補助金でしたが、補助金にしては珍しくちゃんと結果が出たのです。審査員が厳しく審査したことで20億円ほどあまりが出たので将来の繊維業界のためにと思っていたのですが、政権が民

ショールームの前で後継者たちと

渡辺パイル織物の展示会ブース(PTJ)

主党に交代すると例の仕分けで〝埋蔵金〟と見なされ、没収されたそうです。

前職でもたびたびセミナーで申し上げました。いくらコストが上がろうが、値段が高くなろうが、他社にはできない差別性ある良いものを作っていれば世界は必ず認めてくれます。そのためにはメイド・イン・ジャパンの火を消さない、日本のファッションブランドにも日本製への強い思いを期待したいです。

情報開示で信頼を得る

November 20th,2019

百貨店側の人間として、パリコレ出張時のショーの後にはそれぞれのブランドの展示会を訪問し、商品を手に取ってよくチェックしたものです。ショーを見ているだけではわからない商品の良さを実感することもあれば、逆にブランドの名前のわりには案外粗っぽい作りをしているとがっかりするケースもありました。

日本製素材の起用が多いと感じたブランドの展示会では、案内してくれるジャパン社の方に「日本製素材はどれくらい使っていますか」とよく質問しました。近年、日本製素材イコール高品質のイメージが定着し、みなさん胸を張って「○割は日本製素材を使っています」と正直に答えてくれます。これまで私が聞いた中では、フィービー・ファイロ時代のセリーヌが全商品の70％に日本製素材を使っていたというのが最高です。

フィービー特有の構築的なシルエットを出すには、日本の後加工技術がどうしても必要でした。だから日本製素材の比率がグンを抜いて高かったのでしょう。イタリアの素材メーカーに布がずしりと重くなるまでスポンジングしてくれと頼んだら、おそらく多くの職人が拒否するでしょう。せっかく柔らかい風合いの布を織ったのにどうしてバリバリになるまで布を縮めな

スポンジング
毛織物の仕上げ工程。羊毛などの獣毛繊維を水や石鹸水に湿らせる、熱や圧力などを加えることによって、毛同士を絡み合わせてフェルト化させること。縮絨（しゅくじゅう）とも言う。

日本の素材を多用したフィービー時代のセリーヌ

くちゃいけないのだと、プロのプライドにかけて依頼を突っ返すでしょう。これも立派な職人魂。拒否されるとなると日本の工場に頼るしかありません。あの頃のセリーヌのウールコートは相当重かったですから。

ニコラ・ゲスキエール時代のバレンシアガも、日本製素材の比率は50%だったとショールームで聞きました。おそらく日本の後加工と精密なプリント技術をニコラが高く評価していたからだと推察します。現在ニコラがディレクターを務めるルイ・ヴィトンでも日本製素材はそこそこの比率で採用されているのではないでしょうか。

私の知る限り、日本の繊維産地のことを一番リサーチしているのは、何と言ってもシャネルです。全国の繊維産地にはシャネルのテキスタイル担当から声がかかり、継続的にシャネルの生地作りをしている生地メーカーが何社もあります。他にもラグジュアリーブランドが日本の素材情報を知りたくて私に連絡をくれたことがありますが、イタリ

ニコラ・ゲスキエール
デザインの教育を受けず、アニエスベー、ゴルティエなどで修業。1998年にバレンシアガのデザイナーとして発表したコレクションが好評を呼んだ。2001年にケリンググループが買収し、バレンシアガは飛躍的に伸びた。13年に退任し、マーク・ジェイコブスの後任としてルイ・ヴィトンに移った。

ニコラ時代のバレンシアガ

アとは違った日本の職人気質、新しいことにチャレンジする姿勢を評価するトップブランドはかなりあります。

しかしながら、生地メーカーにはメディアなどに取引先ブランドの名前を公表しないという守秘義務があります。ブランド側はどの素材メーカーが布やニットを作っているかを秘密にしておきたい。ブランドの商品タグには最終的に製造した国名を原産国表示しますから、一般消費者のほとんどは購入したパリ、ミラノのラグジュアリーブランドの素材が日本製なんてことは知る由もありません。日本製素材を起用していても縫製が日本でなければ、商品タグにはメイド・イン・フランスあるいはイタリアと表記されます。

中には縫製の大部分は中国の下請け工場、しかし織りネームと最終加工をイタリアで行い、商品タグには堂々とメイド・イン・イタリアと表記している有名ブランドもあります。店頭でブランドの販売スタッフに「このバッグ、ホントは中国製だよ。どの工場で作っているか知っているぞ」とからかうと、「そんなはずはありません。ウチの商品は全てイタリア製ですから」とのこと。ですが、それは販売スタッフが知らされていないだけで、実際にはこのブランドの縫製は中国、ロゴ金具の装着がイタリアなのです。

オンラインブランドのエバーレーンは、自社サイトで縫製工場の情報を全て消費者に開示し、工場の名前や所在地のみならず、生産している様子をビデオで流し、工場従業員の笑顔の写真を掲載して消費者に伝えています。低賃金の工場で従業員を酷使しているブラック企業ではないと証明するためでしょうか。

エバーレーンの情報開示策に触発されたのか、最近びっくりすることが起こりました。何とプラダが、高密度ポリエステルメーカーの第一織物のロゴをアウターの商品タグに表記するというのです。世界的ブランドが素材を製造する生地メーカーのロゴをわざわざ下げ札に入れる、何と画期的なことか。想像するに、プラダは第一織物のロゴを表記し、この素材がいかに良質なのかを消費者に伝えようとしているのでしょう。こんな扱い、これまでにはなかったことです。

ここへきて低価格ファストファッションによる社会的問題が浮き

彫りにされました。バングラデシュでは劣悪な職場環境で低賃金労働を強いてきたファストファッションの下請け縫製工場が崩落、多数の従業員が死亡したことをきっかけに、ヨーロッパの報道機関はどのブランドがブラック工場を使っているのか積極的に報じました。ファストファッション側は社会的にかなり追い詰められました。

さらに、衣料品の使い捨てと売れ残りで大量に廃棄された衣料品が不燃ごみとなり海洋汚染の原因になっていると繰り返し報じられると、当事者のファストファッション側までもがファッションのサステイナビリティーを叫ぶようになりました。

プラダも従来からのナイロンバッグを2年後には生産中止し、すべて再生ナイロンを使用すると宣言しました。ファッション業界全体が急速に地球環境に優しいものづくりについて発言し始め、一つの大きなトレンドになっています。

これまでのように製造工場に守秘義務を課して生産情報を非公開にすることよりも、むしろ情報開示をして透明性の高い企業として評価されるほうがメリットはあります。サステイナブルなものづくりも同じで、具体的に詳細を公表したらブランド価値が上がると判断する経営者が増えつつあるように思います。

すでに再生ナイロンへの移行を公表しているプラダは、思い切って生地メーカーの第一織物の名前を商品の下げ札表示で公表したのではないでしょうか。私はプラダを愛用していますが、今回のプラダの公表は一人の日本人として誇りに思います。

プラダをその気にさせたのは第一織物のクオリティーの高さです。福井県の工場にお邪魔したことがありますが、他のポリエステル工場に比べて丁寧に製品を作っているのが印象的でした。日本の素材メーカーが世界的トップブランドにロゴ表記をしてもらう、世の中変わってきました。今後、日本素材の製造者の名前がどんどん公表されるといいです。

Perspective

作り過ぎと売れ残りをなくす〝シーナウ・バイナウ〟の構造へ

大きな倉庫は在庫意識を希薄化する

新型コロナ禍の影響を受け、かつて日本のアパレル産業界を牽引したレナウンが倒産しました。報道によれば、支払い期限が迫った手形は1億円にも満たない金額だったとか、あり得ない数字です。

大手アパレル企業の破綻で、取引がある中小の生地屋や縫製工場が連鎖倒産するかもしれないとテレビのニュースが報じていましたが、果たしてそうでしょうか。レナウンに限らず大手アパレルの生産拠点は中国で、一部は以南のベトナムやバングラデシュ、素材の手当もほとんど現地でしょうから、破綻の影響はかなり限定的かと。

リーディングカンパニーだったレナウンの業績が急速に悪化した1990年代後半、メインバンクの住友銀行（現三井住友銀行）は常務の小野寺満芳さんを副社長として送り込み、レナウンの建て直しを講じました。このとき私は小野寺さんから協力を要請され、何度もミーティングに駆り出され、デザイナーやファッションディレクターらを紹介しました。

小野寺さんはレナウンに乗り込んですぐ、当時習志野にあった最新の物流センターを視察し、衝撃を受けたと聞きました。数年前に250億円をかけて建設したレナウン自慢の施設です。百貨店ごとの出荷プラットフォームに自動で商品が集められるという素晴らしい仕組みでした。しかしその反面、大型倉庫ゆえに在庫がいくらでも入ってしまいます。小野寺さんは積み上がった無数の段ボール箱や大量にハンガー掛けされた商品を見て卒倒しそうになり、この施設の売却を決めました。

アパレル産業にとって在庫は最も厄介な問題です。在庫がなければ機会ロスが起きますが、在庫が増えると業績は悪化します。生鮮食料品のように賞味期限が過ぎて商品が目に見えて劣化、あるいは腐敗すれば、在庫の急増に誰もが気づきます。しかし、アパレル商品は当該シーズンが過ぎても物性的に腐らないので気がつかない。将来、店頭に並べたら売れるだろうと考える人も少なくありません。だから、生鮮食品に比べると在庫管理がどうしても甘くなりがちなのです。

マーチャンダイジングを指導するとき、倉庫はなるべく小さいほうがよいと教えてきました。倉庫が大きくなると、目の届きにくい棚に並ぶ段ボール箱がどんどん増え、しばらくすると誰もその箱の中身を気にしなくなり、アウトレットやセールで販売することも忘れられます。倉庫の整理をしたら7年も8年も前の商品が段ボール箱から出てきたという話をよく聞きます。

作り過ぎが売れ残りを生む

ファッション商品の大半はオートクチュールのようにお客様から注文を受けて製作するものではなく、需要を当て込んでの見込み生産です。近年は売上至上主義のもと、販売機会ロスを減らすために多めに生産し、短いサイクルで多くの品番を用意します。シーズン3回転で十分な売り場でも、新商品を毎月投入して倍の6回転以上にしているブランドショップもあります。明らかに作り過ぎています。

作り過ぎは当然ながら、売れ残りを増やします。売れ残りを減らすため、アウトレット店を全国各地にたくさん開き、シーズン終了後に実施していたファミリーセールをシーズン前半から何度も開催するようになってしまい、売れ残った商品は産廃業者に頼んで廃棄します。そして廃棄されたファッション商品の一部がどういうわけか海に流れ、海洋汚染の原因にもなっています。

海洋汚染の原因
石油産業に次いで二番目に環境を汚染しているのがファッション産業。その大きな要因の一つがマイクロファイバー。ポリエステルやナイロンなどの化学繊維は洗濯をするたびに細かな繊維となって下水施設でも処理できないまま海へ流れる。またファッション産業が毎年、廃棄する繊維のごみは9000万トンを超え、年々増えている。

コロナ禍が世界各国に広がり、余剰生産の見直し、セール時期の見直し、実生活に密着したシーズン展開への軌道修正、廃棄の根絶を訴える声があちらこちらで上がっています。使い捨てファッションへの反動もあって、数年前からサステイナブルなものづくりを訴える企業やブランドは増えていましたが、コロナショックでその声は一気に高まりました。ファッションビジネス業界はものづくりの姿勢を見直す時期に来ています。

無駄をなくすには、お客様に注文をもらってから製作を開始する受注生産が一番です。オートクチュールや完全なオーダーメイドでは値段がとんでもなく上昇して万民受けしませんが、デジタルの普及、コミュニケーションツールの発達、物流システムの整備のお陰で、従来よりも価格を抑えた受注生産システムが可能になりました。これを導入できたら在庫問題は解消します。

例えば、オンワード樫山の「ザ・スマート・テーラー」。お客様はショップで生地を選び、デザインとフィット感を選び、採

素材見本市でもサステイナブルは主役に

寸してもらいます。注文とお客様の寸法はダイレクトに縫製工場へ。注文から1週間後、工場から直接、お客様に洋服が届くシステムです。店頭にはサンプルの用意はありますが商品在庫はありません。お客様へのダイレクトな納品になるため、商品は倉庫に入ることも、倉庫と複数の店舗を行き交うこともなく、他人が試着することがないので感染リスクもありません。

お客様が選んだ生地とデザインをお客様の個別サイズで製作し、注文からたった1週間でお届けできるのです。紳士服のベーシックなスーツのみならず、近未来はコレクションブランドの個性的な服でもこの方式は可能になるのではないでしょうか。生地ストックのリスクはゼロではありませんが、作り過ぎや売れ残りの心配はなくなります。しかも感染リスクがないことは、今後のファッション販売では重要な要素でしょう。

島精機のホールガーメント機が工場に複数台あれば、お客様が希望する色の糸でお客様サイズのニット製品を工場からダイレクトにお届けすることも可能です。マシンに基礎データを入力し、ニット糸をセットしておけば、手の込んだ独創的コレクションでも注文から数日以内にお客様の手に渡ります。無駄のないコレクションピースの〝シーナウ・バイナウ〟の実現です。人手がほとんどかからない仕組みであるため、人件費の安い国ではなく、日本国内で製造できます。

一極集中への危機意識

武漢市でコロナウイルス感染が見つかってからすぐに中国のサプライチェーンは止まり、1月に日本に届くはずだったスプリングコートはコート不要の4月デリバリーになった例もあります。生産拠点の中国一極集中は非常にリスキーということが、コロナショックで身にしみたはずです。これから生産拠点の分散が始まるでしょう。手の届く日本国内で生産するだけでなく、原料調達する動きも出てくるかもしれません。

日本素材を採用する世界のブランド企業は増えています。日本のデザイナーブラン

世界ブランドに日本の素材は支持されている
（写真は小松マテーレ）

ドも国内工場の様々な技術を借りてオリジナル素材を開発しています。しかしながら、日本のアパレルメーカーのほとんどは中国生産、素材の現地調達で、日本製は値段が高いと敬遠しています。確かに人件費そのものはアジア諸国に比べて高いでしょうが、人手を極力使わない生産体制、倉庫を通さない物流とデリバリー、人が商品に触れる機会の少ない仕組みを構築できたら、日本国内で安全・安心の価値ある商品を生産できるのではないでしょうか。

パンデミックがまた近い将来にも起こるリスクがあります。その場合、生産拠点の一極集中は危険であり、手の届く範囲にものづくり拠点があれば物流がストップすることはありません。しかも、日本には世界が高く評価する素材開発力があり、島精機ホールガーメント機のような全自動マシンもあります。売り上げをとるための作り過ぎを改め、本当は市場にニーズがないかもしれない多品種MDを改め、アウトレットの多店舗化とバーゲンセールの多発を改め、廃棄の無駄を改めて地球環境のことも考え、これまでとは異なるものづくりを実行するべきときが来ているのではないでしょうか。

May 25th,2020

シーナウ・バイナウ
ファッションショーを見て、消費者がすぐ購入できるビジネスモデル。SNSの発達で消費者がリアルタイムでショーを見ることができるようになった。今後広がると言われているモデル。

INDIGO
SOLDES

第5章
世界に売り込む

メイド・イン・ジャパンを世界へ——盛んに言われてきたテーマだが、卸売りは商慣習の壁もあり厳しく、リアル店舗の展開には小売りノウハウが必須。オンラインによるDtoC、バイマの活用など多角的に世界に売り込むMDとマーケティングの可能性とは——。

BとCの距離を縮める

海外は小売事業で

July 6th, 2018

アニメなどのコンテンツ産業や食関連産業に限らず、ファッションやデザイン分野も日本から発信し得る重要なソフトウェアです。自分の出身ジャンルがファッションということもあってこの5年間、ファッション系プロジェクトをいくつか組成したい、と関係者に海外展開を勧めてきました。しかし、クールジャパン機構の社長在任中に組成できたファッション関連案件はフォーティファイブアールピーエムスタジオの海外小売り展開だけでした。

在任中はアパレル、テキスタイル、ファッション雑貨の海外展開のご相談をたくさんいただきました。主にＢtoＢ型の卸売りビジネスでしたが、毎回申し上げてきたのは「海外の小売店を儲けさせるビジネスでは意味がありません。御社がしっかり収益を上げられるビジネスを計画してください」ということでした。

海外の小売店は日本のそれに比べると、非常に高いマージンを乗せて販売します。基本的には小売店の手もとに届いた状態でのコスト（下代、送料、関税、諸経費を合算したもの）の２・５倍、これが現地の小売上代になります。上代設定を下げたいから「日本の出荷価格をもっと下げてくれ」と海外の小売店は必ず言いますが、そもそも彼らはマージンを取り過ぎなのです。

海外の小売店は金払いが悪い、これも頭痛のタネです。大手百貨店や世界的に有名なセレクトショップは概して代金をきちんと払ってはくれません。多くは何度も催促する必要があるうえ、過去数シーズンの支払いが済んでいないのに平気で翌シーズンの展示会に来て発注するストアも少なくありません。

フォーティファイブアールピーエム
スタジオの 45R サントノーレ店

さらに悪いことに、〝マークダウンマネー〟というものもあります。これを小売店がベンダー側に要求するケースがあるのです。米国でも公正取引の観点から、マークダウンマネーを要求してはならないことになっていますが、実際には何だかんだと理由をつけて儲け損なった分の補塡（ほてん）を求めます。

かつて、米国の大手百貨店サックスフィフスアベニューが露骨なマークダウンマネーをベンダー側に要求し、これに我慢できなくなった日本のアパレル企業が米国公正取引委員会に提訴、サックスにマークダウンマネー分の返還命令が出た事件がありました。本来やってはならないことを図々しく要求してくる、小売店全部がそうではないにしても、これが海外の有力小売店の実情です。

だから、規模は小さくても現地に直営店を開き、お客様に直接売るBtoC型が海外展開のベストな方法と説いてきました。ネット通販であれ、直営店での販売であれ、直接お客様に現金またはクレジットカードで代金を支払っていただければ回収不能にはなりません。また、小売業なら現地上代を自分たちでコントロールできま

マークダウンマネー
小売店がつけた上代から値引きをして販売した場合、その値引きした分のこと。

す。上代決定権者が儲かる、これは業種を問わず世界共通なのです。

小売店を出す場合は初期投資が必要になります。ショップ物件の保証金、不動産手数料、国や物件によってはキーマネー、それに内装費や設計料がかかります。でも、直営店は代金回収やマークダウンマネーの心配がありませんし、リアル店舗を基軸にネット販売に着手することもできます。海外展開するなら卸売りではなく小売りで進出してはどうでしょう、初期投資のリスクマネーを我々がお手伝いすることは可能です、とみなさんに勧めてきました。

海外ファッション市場を狙う場合はもう一点、考えなくてはならないことがあります。ビジネスサイクルを日本式ではなく、海外ブランド並みに〝プレシーズン〟を軸にすることです。日本国内市場でも、十数年以上前から海外有力ブランドは5月後半にプレフォール(初秋物)を店頭投入するようになっています。日本のブランドのほとんどは早くて春夏物セール後の7月中旬以降、遅いところは8月に秋物の立ち上がりです。

キーマネー
現時点で営業している事業者に支払う営業権料のようなもの。

5月後半から初秋物を店頭展開すると、秋冬セールまでの約6カ月間、プロパー価格での販売が可能です。しかし7月後半や8月の立ち上がりでは、プロパー販売期間は4カ月未満になり、この期間が短くなると当然ながらプロパー消化率は下がります。だから今では、海外有力ブランドのように5月にプレフォールの投入、11月にプレスプリングの投入がグローバルスタンダードになっています。

これから先、気候は日々暑くなるのに売り場では秋物を販売するというのは違和感があります。本来なら夏物半袖Tシャツやノースリーブの出番、世界のビジネスサイクルはいつの間にか季節感とは無関係になってしまいました。これが消費者の暮らしに合っているとは思えませんが、世界のファッションビジネスではシーズンの先取りが完全に定着しています。

かつてヨーロッパではコレクション発表時期に半年分の受注会を行いました。春夏シーズンであれば9月下旬から10月初旬の開催でしたが、今では6月下旬から7月初旬にかけてプレスプリングの受注会、世界各国のバイヤーは春夏シーズン予算の70％相当をここでオーダーします。残り30%がミラノコレやパリコレの9月下旬発注。これが現在のビジネスサイクルです。

世界市場に打って出るにも、国内市場で海外ブランドと競争するにも、日本式ビジネスサイクルを改善すべきではないでしょうか。プレシーズンコレクションを充実させ、早期にデリバリーしてプロパー価格での販売期間を長くとる、生活実感として違和感はありますが、日本のブランドにも着手してほしいことです。

WAGYUとどう戦う

July 11th,2018

2015年7月、ちょうどウインブルドンテニス終盤、ロンドンの百貨店ハロッズを視察しました。この3年間でファッションや雑貨の売り場はどう変わっているのか、それと精肉売り場の「神戸

ハロッズ
1834年、ロンドンのナイツブリッジに開業した老舗高級百貨店。現在はカタール政府系投資ファンドが所有している。

ビーフ」は今も健在かどうかを確認したくて昨日出かけました。

ファッション業界には残念なことですが、ファッション関連の売り場は3年前に比べて基本的に縮小傾向かな、と。ギフト関連、リビング関連、玩具や子供服は導入ブランドや商品ジャンルが増え、強化していることが読み取れました。一方、ファッション関連は絞り込んでいるように見え、実際にファッションフロアで買い物をしているお客様は他のカテゴリーに比べると少数でした。

ラグジュアリー系の大型ブランドは完全にショップ・イン・ショップ形態で、店は大きなガラスで囲まれ、フリー客を歓迎しているようには見えません。ことによると、これらビッグブランドはテナントリーシング、つまりハロッズとの契約は定額家賃制かもしれません。

そもそもハロッズは建物の構造からか、いくつもの部屋に区切られていて、ファッションフロアはブランドを見つけにくいストアでしたが、「ラグジュアリー」「アドヴァンスト」「インターナショナル」と分かれたブランド分類はこれまで以上にわ

ロンドンの老舗百貨店ハロッズ

かりにくくなっていました。社内的にはきちんと展開分類しているのでしょうが、お客様目線でブランドを探すと展開分類の意味が不明。お目当てのブランドを見つけにくく買い物しにくい、これではただでさえ売れないファッション商品はますます売れなくなります。

ファッション業界の置かれている状況を考えると、売る側の一方的な展開分類、取引形態優先の売り場作りには疑問を感じます。

1階の奥、食材販売とイートインカウンターが並ぶ食品売り場は、ファッションフロアと比べると相変わらず賑わい、カウンターには遅いランチなのか早いディナーなのか、お客様でいっぱいでした。3年前までハロッズは紅茶主体で、コーヒーは完全な脇役でしたが、珍しくコーヒーに力を入れていました。売り場中央に大型焙煎機を設置し、コーヒー売り場の品揃えは以前とは比べものになりません。英国人の生活や嗜好に変化があるのか、インバウンドのニーズに合わせたのか。アフターヌーンティーの国に異変が起きているのかもしれません。

さて、神戸ビーフですが、精肉ケースの中にはありませんでした。３年前はこの場所で1キロ４８０ポンドと傑出した値段（オーストラリア産ＷＡＧＹＵが同２９５ポンド、スペイン産ＷＡＧＹＵが同40ポンド）で販売されていたのですが、見当たりません。入荷量が少ないのか、精肉売り場では値段が高過ぎて売れなかったのか、理由はわかりません。

オーストラリア産牛肉の大きなブロックの前で一つ、意外な文言を発見しました。〝ＷＡＧＹＵ ＲＩＢＥＹＥ ＡＵＳＫＯＢＥ〟。ＷＡＧＹＵがオーストラリア産和牛であることは承知していますが、オーストラリアの頭文字ＡＵＳとＫＯＢＥをくっつけた造語ＡＵＳＫＯＢＥとは、何とも紛らわしい表記です。日本産神戸ビーフと勘違いするお客様もいるのではないでしょうか。

日本のアニメをコンテンツホルダーの許可もなく勝手に字幕スーパーを入れて海賊版で稼ぐ中国系ブローカーは大勢いますが、アニメの世界と同じで日本の良いものをうまく利用して世界市場で稼ぐのは日本でなくいつも外国人という構図、どうにか改善できないものでしょうか。ＷＡＧＹＵの商標登録はもう手が打てないにしても、ＫＯＢＥを紛らわしく使ってお客様を惑わす、これが公平なビジネスと言えるのでしょうか。

精肉ケースの中に日本産神戸ビーフはありませんでしたが、隣接するステーキのイートインカウンターのメニューには〝神戸ビーフ〟がちゃんとありました。お客様はこの看板のある承りカウンターで肉の種類と大きさ、焼き方を注文して決済し、カウンターで召し上がる仕組みです。

このメニューの最上段にあるＷＡＧＹＵ ＫＯＢＥ ＳＩＲＬＯＩＮは１００グラム当たり１００ポンド、こちらのケースの中の神戸ビーフだけは明らかにオーストラリアＷＡＧＹＵとは肉の色もサシの具合も違いました。１００ポンドとは随分と高価、メニューを見る限りこのステーキカウンターの〝キング〟です。精肉ケースにはなかったけれど、ここでホンモノの神戸ビーフを提供しているのを見てちょっと安心しました。

オーストラリアＷＡＧＹＵよりはるかに高い値段ですが、差別化を図るためにはこの売り方しかないのかなと思います。値下げして

ハロッズ1階
イートインのステーキメニュー

オーストラリア産に値段を近づけると、かえって消費者から誤解されます。特別な肉なのだから特別価格、例えは悪いかもしれませんが〝ステーキのエルメス〟のつもりで販売するのは間違っていません。紛らわしい商品名をつけられようが、WAGYUが安い価格で販売されようが、日本産神戸ビーフは自信を持って独自の道を開拓したらよいのではないでしょうか。

牛肉に限らず、他の日本食材も吟醸酒もアニメもファッションも、日本の高品質・高感度商品の世界市場での売り方はこれしかないと信じています。どうでしょう。

タイのクールジャパン

July 31st,2018

タイの首都バンコクの中心部には、大型ラグジュアリーモール

「サイアム・パラゴン」、隣にカジュアル路線の「サイアム・センター」、そしてその先には日本のロフトなどが入ったオシャレな「サイアム・ディスカバリー」と三つの商業施設が並んでいます。運営会社はサイアム・ピワット社、二代目の女性CEOが陣頭指揮を執っています。

この会社、政府高官だった創業者が国王所有の不動産を任され、バンコクに初めて海外富裕層が宿泊できる最高級ホテルを建てたのがそもそもの始まり。今もサイアム・パラゴン（東南アジアのラグジュアリーモールで一番の賑わい）のすぐ後ろには、同社が経営する予約がとれないラグジュアリーホテルがあります。

セゾングループがインターコンチネンタルホテルを傘下に収めていた頃、サイアム・ピワット社のCEOはホテル誘致で友好関係にあったセゾングループ代表の堤清二さんに「バンコクにロフトを導入させてほしい」と申し出ました。堤さんはその申し出を快諾し、当時の西武百貨店香港チームにプロジェクト推進を命じました。以来、ロフト初の海外展開がここバンコクではなかったでしょうか。

サイアム・パラゴン
タイのサイアム・ピワット社がバンコク都心部の一等地で展開する三つのモールのうちの一つ。パラゴンは東南アジアで最も賑わうラグジュアリーモール。ディスカバリーはクールジャパン館とも言えるユニークな商業施設。

サイアム・ピワット社はロフトを継続運営しています。

同社がサイアム・ディスカバリー館の全面改装計画を進めていたとき、私はCEOからその構想をうかがい、館全体のデザインをｎｅｎｄｏの佐藤オオキさんに依頼しているので建物の模型を見てほしいと言われました。佐藤さんが若い頃に仕事をお願いしたことがあると、私が言ったからです。彼女のオフィスで模型を見ながら、商品展開の問題点などを指摘してあげると大変喜ばれ、以来、サイアム・ピワット社の幹部たちとは非常にフレンドリーな関係にあります。

早くロフトに着目したり、ｎｅｎｄｏを起用したり、蔦屋家電の情報をオープン直後に掌握していたり、CEOの時代変化を読み取る能力とセンスは大したものと、いつも感心します。が、それには秘密があります。世界を飛び回るタイのファッション誌編集長やファッションディレクターたちをブレーンとして採用しているのです。だから情報が速い、センスの良い仕事ができる。日本の大手不動産会社や大型小売店もファッションの専門家を社外ブレーンとし

nendo
2002年にデザイナーの佐藤オオキ氏らが設立したデザイン会社。ミラノサローネやメゾン・エ・オブジェでも注目を集めている。バンコクのサイアム・ディスカバリーの改装を手がけた。

て活用するといいのにと思います。

サイアム・ディスカバリー館が改装オープンしてから、私は多くの企業経営者に同館の視察を勧めています。タイの大手ディベロッパーが日本のデザイン会社に改装を委ね、それがすこぶるカッコいいこと、日本のファッションや生活雑貨、文房具を美しく展開してまるで〝クールジャパン館〟のようであること、日本企業がプロデュースする商業施設よりもクールに感じる、これが視察を勧める理由です。そして視察から戻ってきた経営者たちはみなさん、「素晴らしい」とおっしゃいます。

小売業は消費者よりもちょっとだけ前を走っていなければなりません。しかも施設を開発する場合、消費者に明解なビジョン、コンセプトが伝わらなければなりません。消費者に夢、新しいライフスタイル、楽しいショッピングを提供するのであれば、館全体はカッコよく、それなりに独創的でなければなりません。

しかし、日系企業が日本の商品を海外で大きく展開するケースは、はっきり言ってほとんどがカッコよくありません。日本企業

nendoがリニューアルデザインを手がけたサイアム・ディスカバリー

がやるとどこか泥臭くて感動しないのに対して、彼らは実にカッコよくクールな日本のライフスタイルを表現しています。タイでも、他の東南アジアでも、中国でも、日系企業の大型商業施設はたくさんありますが、日本のブランドを、商品を、カルチャーを、ここまで魅力的に見せている館は他にありません。

サイアム・ピワット社の場合、経営者自身のセンスの良さもありますが、社の幹部たちは謙虚に海外事情をよく研究し、我々に接する態度は実に優しく礼儀正しい。加えて、社外ブレーンたちの時代を見る感度が鋭い。そして全員がうぬぼれていない、ここが一番のポイントです。

実は、クールジャパン機構の社長退任を発表した当日、ちょうどサイアム・ピワット社の幹部と若手チームが東京出張中でした。私が自分の部下を慰労している間、彼らは西麻布の居酒屋で私が顔を出すのをずっと待ち、退任の祝杯を一緒に挙げてくれたのです。アドバイスしたことはあっても、在任中に事業をともにしたことがない去りゆく経営者に、異邦人が一緒に祝杯。義理堅いと思いません

サイアム・ピワットは早期にロフトを導入

か。

彼らがバンコクに戻って私の退任ニュースをCEOに報告したら、クールジャパン機構との関係が希薄になるのではないかとCEOが心配しているというメールが入りました。「心配ご無用、弊社内できちんと受け継ぎますから」と返信しました。私が退任したから関係が切れるなんて不義理をしてはいけません。日系企業以上にクールジャパンを推進してくれている人たちですから、良好な関係を維持して彼らから謙虚に学ばないといけないと思います。

日本は打って出るべき

September 10th, 2018

中国人の爆買いが頻繁に報道されていた数年前まで、日本の空港でトランク用ワゴンに10台近く電子炊飯器を積んで出国する中国人の姿をテレビ局が盛んに追いかけていました。マイクを中国人旅行者に向けると、「日本製は品質が良く、ご飯が美味しく炊けるから」と、もっともらしいことを話していました。

しかし、いくら大家族と言っても1人で炊飯ジャー10台は必要ないでしょう。あれは中国で高く販売するブローカーたちの協力者、言い方を変えれば運び屋です。日本製高級電子炊飯ジャーは、正規ルートで現地小売店が販売すると日本国内の3倍弱の値段。日本で店頭価格3万5000円の炊飯ジャーなら中国では9万円程度が正規価格、つまりアルバイトを使って大量に並行輸入して販売するブローカーは1台につき5万5000円ほどの粗利があります。真面目に商品開発している日本の電機や魔法瓶メーカーの粗利はせいぜい2万円、並行輸入チームが製造企業よりも儲かるなんてちょっと不公平です。

もし日本のメーカーが中国市場で直営店舗を展開し、小売上代をコントロールできていれば、ブローカーはこんなに儲けられません。関税も払わずかなり儲かるからアルバイト要員を雇って大量に並行輸入してきたわけです。ところが最近、中国の税関が厳しくなり、爆買いアルバイトは激減。日本の空港で電子炊飯ジャーを大量に積んで歩く中国人は少なくなりました。

ここでは、爆買い中国集団の激減を言いたいのではありません。商品を開発して販売するメーカーにとって、これから海外展開をするようにあたって何が重要なのか、何をやるべきなのか。それが今日のテーマです。

概して、製造者には小売りのノウハウがありません。マーチャンダイジングの基本である商品分類や定数定量管理の概念はほとんどない。顧客の管理も分類も決してうまくはない。彼らは一途により良い商品を開発することに情熱を燃やします。

かつてギャップが最重要取引先だったリーバイスとの取引を停止して、完全に自社ブランドを売る製造小売業に転じたとき、それまで商品供給してきたリーバイスは大打撃を食らいました。ずっと世界最大手アパレルメーカーだったリーバイスは不動の地位から転落しました。

パリでも中国人ブローカーは多数

その頃、ニューヨークで最も家賃の高い五番街57丁目にオリジナル・リーバイスストアの大型店があり、私はてっきりギャップに対抗して大型の直営店を出しているものと思っていました。ところが、リーバイス本社を訪問したときに担当者はこう話してくれました。「私たちはメーカーなので小売りのノウハウが全くありません。各地域の小売店とフランチャイズ契約を結んでストア運営してもらうしか方法はありません」と。このとき初めて、五番街店をはじめとするリーバイス大型店は直営ではなく、フランチャイズ契約であることを知りました。

メーカーに小売りノウハウはありません。が、もし小売りの専門家を引き抜いて直営店舗を運営し、売り場面積相応の売り上げが上がれば、メーカーは卸売りより儲かります。大雑把に言えば、上代から製造原価と家賃、販売員人件費を引いた分が粗利、直営店に下代は存在しません。

リーバイスだって直営事業化すれば製造小売業のギャップくらい儲かるでしょう。しかし、フランチャイズ契約で小売り

海外展開する
鎌倉シャツ

パートナーに運営を委ねれば当然、粗利は下がります。ギャップがぐんぐん売り上げを伸ばし、リーバイスがどんどん生産量を減らしていた頃、製造業のリーバイスにはフランチャイズ契約以外に打つ手はありませんでした。

ところが、ネットの急激な普及によって状況は変わりました。家賃も店舗設営費も販売員人件費も不要な新しいオンラインビジネスにより、メーカー直営店以上に高い粗利を取ることが可能になったのです。オンラインビジネスも小売業の一つ、小売りのマーチャンダイジングの視点は必要ですが、慣れない店舗運営よりは楽ではないでしょうか。

お客様から直接代金を頂戴するビジネスには代金回収のリスクがありません。欧米の小売店に卸していれば納品しても代金を払ってくれない、ときには買い取りのはずなのにマークダウンマネーを要求してくることも覚悟しなければなりません。一方、オンラインであれ直営店であれ、お客様にダイレクトに販売すれば、卸売りよりもはるかに収益は高く、代金回収も確実

台北のビューティ&ユース（ユナイテッドアローズ）

です。

日本のアパレルメーカーの多くも近年、オンラインビジネスの売り上げを伸ばしています。お客様が購入した代金から製造原価を引いた分がそのまま粗利ですから、誰が考えても卸売りを拡大するよりも利益が出ます。どの企業もこれからさらにオンラインによるB to Cを拡充するのは明白です。加えて、小売りノウハウをもっと身につけ、自ら集客する仕掛けを工夫し、直営店運営を軌道に乗せれば、企業としての収益率は卸売業よりかなり向上します。

国内市場でオンラインとリアル店舗をうまくリンクさせてオムニチャネル化することができたら、その次は広大な中国、東南アジアのマーケットです。もちろん海外市場の開拓は簡単ではありませんが、こっちも攻めないことには近隣諸国のアパレルメーカーやブランド企業が1億人の日本市場を必ず攻めてきます。輸入ブローカーの一人儲けを阻止するためにも、日本企業は自ら打って出るべきでしょう。

アマゾンは、買収したホールフーズマーケットの店内に顧客が注文品を受け取れるロッカーを設置。受け取り時の買い物にもつながるタッチポイントだ

同じ轍を踏まない

November 8th, 2018

日本のファッションをもっと海外で展開したい、しかも海外の小売店を儲けさせるだけでなくブランド側に利益がちゃんと入る方法で――。数年前、クールジャパン機構のオフィスにブランド関係者を集め、海外戦略の講習会を開きました。世界の市場の直近動向、海外ビジネスの仕組み、小売店のマークアップや支払いの姿勢など、私の経験をもとに説明しました。

かつてバーニーズニューヨークに日本のデザイナーブランドを集めた売り場を作るお手伝いをしていた頃、米国小売店のマークアップ率は現在のようにべらぼうではなく、しかもバーニーズニューヨークではマークアップを一律計算で行うのではなく、アイテムごとに競争力を分析して掛け率を工夫したものです。

しかし近年、マークアップ自体がかなり高くなり、アイテムごと

マークアップ
仕入れ値に一定の利益を加えて販売価格を設定すること。原価に対する利益の比率をマークアップ率と言う。

に細かく上代を設定するようなバイヤーはほとんどいなくなりました。日本国内で米ドル換算500ドル相当のジャパンブランドが米国上代1200ドル以上になるのは当たり前になっています。

一方、EU圏内で500ドル相当のヨーロッパブランドの商品が米国で1200ドル以上の上代になっているかと言えば、そこまで高くはありません。もちろん日本からとEUから米国への場合とでは輸送距離が違うのでコストが違いますし、関税もアイテムや原料によって異なりますが、日本商品がとんでもなく高くなるのは運賃、関税のせいだけではないと思います。

先日、ヨーロッパの販売エージェント経由で輸出し、海外市場で頑張っているデザイナーと面談の機会がありました。エージェントは小売店からの代金回収もサポートしてくれるので、そのリスク分だけマージンが高いのは仕方ありません。が、このブランドが契約しているエージェントのミニマム料金と販売手数料のパーセンテージはこれまで聞いたことがない高率、これにはびっくりしました。上代はとてつもなくハネ上がり、市場での競争力はありません。世

販売（セールス）エージェント
ブランドやメーカーに代わって販路を開拓する代行業。バイヤーなどとの人脈を生かし、展示会やショールームに集客し、ブランドのコンセプトに沿って拡販する。

界に冠たるラグジュアリーブランドと同価格帯で日本の知名度が低いブランドが勝負するのは酷でしょう。

海外展開で最も悩ましい点は、今も昔も小売店からの代金回収です。販売エージェント、あるいはショールームが代金回収のケアまでしてくれるのはありがたいのですが、手数料が高過ぎると当然、上代はグンと跳ね上がって市場競争力は落ちます。

仮りにエージェントの手数料が30％とすると、上代は75％ほどアップします。通常、現地小売店は入荷代金に2・5倍を掛けて上代とします。日本国内の上代が米ドル換算500ドルの商品を下代300ドルで出荷すると、エージェントの手数料30％と、運賃、関税込みでおよそ450ドルが現地の下代、この2・5倍ですから小売店は約1100ドル以上で販売することになります。日本国内で500ドル相当の商品が海外では1100ドル以上、これではいくらカッコいい商品でも価格とのバランスが悪過ぎます。

ブランド側がエージェントを通さずに小売店に直接卸すと上

45Rの海外進出は小売り業態

代はアップしませんが、その代わりブランド側は代金回収の難しさに直面します。代金回収のリスクを負ってくれるエージェント経由だと今度は競争力が低下する、海外ビジネスは容易ではありません。

過去30年以上の間、パリコレやパリの合同展示会に参加し、それなりに売り上げはあったものの収支バランスが一向に改善されず、結局海外から撤退したブランドは少なくありません。黒字にはならなくても、せめてトントンであれば海外ビジネスは続けられますが、日本国内で得た利益をつぎ込んで海外は赤字のままでは長続きしません。海外の赤字が膨らんだために国内ビジネスが破綻しそうになった例をたくさん見てきました。だからこそ、現在伸び盛りの若手デザイナーには必ず言うのです、「同じ轍（てつ）を踏んではいけない」、と。

海外の合同展示会、あるいはコレクションに参加する場合、まずブランドやデザイナーの名前を覚えてもらうためのPR活動と割り切れば、2～3年の参加で十分です。その間、現地での収支は赤字なので日本からの持ち出しは避けられませんが、これをさらに数年続けていると会社の経営そのものがおかしくなります。

海外で代金回収ができ、上代がハネ上がらないビジネスモデルとなると、小さくてもいいから自ら小売店を運営する、またはパートナーを見つけてフランチャイズ店をやるしかありません。そう考えると、小売店にオンライン販売をつなげる、これが一番の方法でしょう。マージンの高くない販売エージェントを見つけることができるなら、海外でも競争力のある卸売りビジネスが可能でしょうが、そんな気のいいエージェントはまずいません。

小さくてもいいから自分で店を開いては、と勧めてきました。SNSの時代です、メインストリートに高い家賃を払って路面店を構えなくてはならない時代ではありません。クリエイションがあり、価格競争力もあり、SNSをうまく活用できれば、昔ほど集客に苦労することはないし、ネットでお客様と密な関係を維持することも可能です。お客様とネットで直接つながれば、お客様の声はストレートに日本に届きます。

ロリータファッションもパリで健闘
（アンジェリックプリティ）

これからのファッションビジネスはＢtoＣが全て。しかもＢとＣとの距離を企業努力でどこまで短縮できるか。これが企業規模に関係なく重要なカギです。ＢとＣとの間に介在する会社やエージェントが多ければ多いほど、小売上代はアップし、市場競争力はなくなります。お客様との距離をどういう形で縮めるのか、どういうビジネスモデルで世界を相手に戦うのか、その戦略なしに海外の合同展示会やコレクションに参加していては将来の経営破綻が待っているだけです。

面談したデザイナーさんに言いました。マージンの高いエージェントと早く契約を打ち切り、お客様とダイレクトにつながる小売りビジネスを考えたほうがいい、と。才能のあるデザイナーには海外での健全な活躍を期待しています。

〝高いから売れる〟ビジネス

円高は困ります

January 3rd,2019

外国為替とファッションの話です。

年明け早々の1月3日、外国為替が急に動き出しました。一時的に1ドル104円台、一気に5円近く円高になりました。アップル社の下方修正が要因だそうですが、たった1社の決算見通しでこんなに急上昇するとは驚きです。

外国為替は金融関係の専門家でも予測が難しいと言われていま す。この先どういう展開になるのか私にはわかりませんが、ミラノ、パリで今月開かれる今秋冬のメンズコレクションとレディスのプレフォールのセリングへの影響は少なからずありそうです。

このまま円高傾向が続くと、日本からヨーロッパに行く企業は辛くなります。前回、9月後半のレディスのパリコレ時が1ドル114円前後でした。もし今月のセリング時期に今日の104円ならば10円も円高になり、つまりセリングでは10%値上げしなければならなくなります。となると、現地バイヤーから「高い」と言われます。

逆に、外資ブランドのジャパン社は10%安く秋冬物を発注できます。仮りにこのまま円高がどんどん進んで1ドルが100円を切ることになれば、外資ブランドのジャパン社の収益は大幅に好転します。過去にも多くの外資ブランドが円安になると値上げ宣言しました。しかし、円高になっても消費者に円高還元はしませんでした。還元しなくても売れるからでしょう。円高がこのまま進めば、ジャパン社の収益はグンと良くなります。

一方、日本ブランドは円高をそのまま現地卸売価格に反映させるとバイヤーから文句が出ますから、日本出荷価格を抑制し、為替リスクを日本側が負うケースは少なくありません。力関係でブランド側が強い立場でいられるなら、卸売り依存ではなく自ら小売り中心に海外ビジネスをしているなら、バイヤーが何と言おうが日本側が為替リスクを負うことはありません。

だから、私は日本のブランド関係者に、海外進出するならば自ら小売りビジネスで仕掛けたほうがいいと申し上げてきました。自社直営ショップで販売するビジネスモデルであれば、為替変動があろうが現地小売価格は自分たちで調整できます。10％程度の変動なら、まだどうにかなります。

これが卸売りの場合、セリング時に仮りに10％値上げすると、現地小売価格では10％×2・5倍（小売店マージン）の25％アップになってしまいます。これまで卸値３００ドル（想定上代７５０ドル）で売ってきた商品を円高10％の状況でセリングすると卸値は30ドル上昇します。もしも20％円高ならば卸値は60ドル上昇、現地小売価格は１５０ドルも上がり、現地ブランドとの競争力は著しく低

直営店の出店なら為替リスクも負うことはない（台湾の45R）

下します。

今日のように1日で一気に5円も変動することもある状況下では、メンズやプレフォールの現地セリング時に為替がどうなっているかわかりません。ですが、日本企業にとって最悪のケースは円高がもっと進行し、限りなく1ドル100円に接近することです。逆に、9月のパリコレ時の水準に近づいてくれると、日本ブランドは苦しむことはありません。さらに次回のパリコレ展示会の3月初めに為替が落ち着いていたら、日本のブランドには大変ありがたいことです。

海外ビジネスを展開していない企業で働く人には外国為替の変動なんて他人事でしょうが、海外でセリングしている企業にとって急激な変動は心配のタネ。昨年からの米中経済紛争とトランプ大統領がFRB（連邦準備理事会）に口出しすることで、今年は外国為替が大きく変動する可能性があります。米中関係がこれ以上悪化することなく、中国の景気、米国の景気が急変しなければよいのですが……。

インバウンドの顧客化

January 23rd,2019

札幌行きフライト、直前の便は千歳空港が雪のため欠航だったのでハラハラしました。多くの日本人乗客はモコモコのダウンコート姿でしたが、びっくりしたのはオーストラリアからの旅行者でした。数人が何と半袖Tシャツ姿。南半球は夏だからでしょうが、気温がマイナスの北海道のことを理解していないのか、それともわかっていて半袖なのか、ちょっと異様な光景でした。

ニセコは現在、オーストラリア、台湾、タイなどからの観光客でいっぱい、街はまるで外国に来たみたいな状態と聞きます。今も外資がニセコにラグジュアリーホテルを建設中で、今後もっと長期滞在のインバウンド客が増えるでしょう。

そもそもニセコが外国人に注目されるようになったのは、あの9・11テロ事件の直後からでした。南半球の夏休み期間、米国ロッキー山脈でスキーを楽しんできたオーストラリアの富裕層は、2011年9月のテロ直後は米国行きを敬遠、代わりにニセコに来ました。その数は150人程度。パウダースノーに魅かれた人々がニセコの良さをSNSで拡散すると、オーストラリア人が年々増え、10年間で100倍以上に。さらにニセコ人気は台湾やタイに飛び火し、今では外国人だらけのリゾート地になりました。レストランのメニューは日本語より英語が先にくる店もあります。

もう一つ面白い話は、コーセー化粧品の「雪肌粋」。これはコーセーのロングセラー「雪肌精」のセブン‐イレブンオリジナル商品ですが、数年前に影響力のある台湾人ブロガーが「雪肌粋はコスパが良い」とツイッターでつぶやいたことから台湾人の間で大ブレークし、生産が追いつかない状態になりました。日本に出張するご主人に「雪肌粋をたくさん買って来て」と頼む台湾女性が多いとも聞きました。

この雪肌粋を最も売るセブン‐イレブンはどこなのか。新宿歌舞伎町や銀座8丁目のドン・キホーテ周辺の店舗ではありません。

コーセー化粧品の幹部に教えてもらった売り上げナンバーワンは何と〝登別〟でした。北海道旅行に来た台湾人が登別温泉に泊まり、お土産としても自家需要としても登別のセブン－イレブンで大量に買って帰るのだそうです。

札幌はこれから雪まつり、海外から大勢の観光客がやって来ます。南半球や亜熱帯地域の人々にとって雪の北海道は魅力的、台湾など中華系の人々はカニが大好きなので北海道の食もお目当てです。千歳空港はすでに過密状態ゆえ、函館、旭川、釧路、帯広など道内の他空港にＬＣＣのダイレクト便が増えれば、北海道はもっと外国人で賑わうでしょう。

雪が降るとニセコと札幌は交通の便が悪くなるため、ニセコに長期滞在する外国人はなかなか札幌に来てくれませんが、道路事情が改善されたら札幌はニセコ特需もかなり見込めると聞きました。札幌周辺は今後、外国人をいかにして顧客化するかが重要です。

ファッション系の多くのショップでは、外国人のお客様は全てフリー客扱いになっています。見分けがつかない、あるいは言葉が通

化粧品はインバウンドに大人気

じないから〝フリー〟なのでしょうが、実際にはリピーターのお客様が意外に多いのです。特に北海道のように広域に魅力的なコンテンツがある地域はリピーター外国人が大勢います。

しかし、外国人のお客様に〝顧客カード〟を書いてもらっているショップがどれくらいあるでしょう。外国人だからフリー客、言葉が通じないから顧客カードの記入をお願いしないショップも多いのではないでしょうか。

本社は外国人専用の顧客カードを作るべきでしょう。名前、住所、メールアドレスを書いていただく。カタログ類の郵送や、メールで商品情報やイベントのご案内を差し上げていいのかどうかを確認するのです。もちろん不要とおっしゃる外国人客もいるでしょうが、喜んでくださるお客様もいると思います。将来は越境ＥＣで取り込むことも視野に入れ、外国人客のデータをきちんと収集すべきです。

これから日本の人口は確実に減少します。それをカバーするには外国からのお客様を顧客化することです。そのためにもまず外国人

押し寄せるインバウンド。ショップは顧客カードを取得しているか

が記入しやすい顧客カードを用意し、店頭で簡単に記入していただける工夫をしなければなりません。そして、国内のお客様と同じように海外に情報をお届けする。直営店では外国のお客様にも使える独自のポイントカードも準備すべきでしょう。

インバウンド比率の高い東京や大阪の中心部のみならず、観光資源が豊富な札幌や福岡などインバウンド需要を戦略的に仕掛けるべき地方都市はいくつもあります。訪日リピーターを顧客化する、今後重要なことです。

高価格だから売れる

May 16th,2019

カジノの街ラスベガスの高級日本食レストランでは、ギャンブルで儲けたお客様が「この店で一番高価な日本酒を」と注文するケースが多いとか。それなりの銘柄の吟醸酒をボトル売りしているものの、店で最も高価な日本酒は四合瓶でせいぜい１５０ドル（約1万６０００円）程度でした。ワインリストを見せるとお客様は値段が安いと日本酒をやめ、高価なシャンパンやワインに変更するそうです。

　この話を聞いた福島県の蔵元が、米の9割を糠にして芯の中心部分の1割だけを使った純米大吟醸を醸造して1本１５００ドル（約16万円）で販売したところ、コンスタントに注文が入るようになった、と岩手県の蔵元に教わりました。ギャンブルで儲けたお客様は勝利の乾杯、高価だからこそ注文してくれるのです。

　その岩手県の蔵元が数量限定の秘蔵〝古酒〟を1本３０００ドル（約33万円）でドバイのレストランで販売したら、これもコンスタントに売れている、と現地の高級和食店スタッフが教えてくれました。宗教上飲酒の制約がある中東ですが、ドバイの戒律はゆるく、近隣諸国のプリンスや大金持ちがドバイに別荘を持ち、高級レストランでは飲酒もされるとか。ボトル３０００ドルであろうが平気、

ドバイなど高価だから売れる市場は世界各地に

こういう特別な需要が世界各地にあります。

香港で高級スーパーマーケットの日本酒売り場を視察したとき、かつて先進国首脳会議の乾杯酒として有名になった福井県の「梵(ぼん)」や海外で超人気の山口県の「獺祭(だっさい)」四合瓶が高級シャンパンの並びで、ほぼ同額で販売されていました。このスーパーマーケットの社長に「高価な日本酒はよく売れるのですか」と訊ねたら、「よく売れますよ。香港の人たちが果たして味の違いを理解しているかどうか。単純に高いから買ってくれる」と。香港でも、値段が高いから売れるニーズがあります。

私たち一般人は日本酒であれワインやシャンパンであれ、どうしても値段を気にしますが、世界の富裕層は安いと見向きもしてくれません。逆に高くて美味しくてレアな銘柄だったら値段を気にせず買ってくれる、そんなスペシャルな消費が存在します。

前職のクールジャパン機構で私はたくさんの蔵元を回りました。日本酒は日本固有の強力なコンテンツです、何とか日本酒の輸出拡大の仕組みを作りたい、という思いで日本酒関係者とお会いしまし

今や「獺祭」は世界のブランド

た。そして必ず、こう申し上げてきました。「中身は文句ありませんが、ボトルとラベルのデザインを改善しないと高く売れません」と。

サイダーの瓶のようなボトルでは高く売れません。ラベルの和紙と筆書きは悪くありませんが、英語表記がないので日本のどの地方で醸造した酒なのか、どこのブランドなのかがわからない。せっかくの日本固有のコンテンツでも、これでは海外市場で伸ばせません。もしもドンペリニヨンが安っぽいボトルに入っていたら、同じグループのモエシャンドンの3倍の値段で売れるでしょうか。フランスワインでも、産地がボルドー、ブルゴーニュ、ロワールなのかは日本人だって気にします。

日本語表記の酒ラベルは外国人には読めません。世界に日本酒をそれなりの価格でたくさん売るつもりなら、ボトルデザインを改善し、和紙と筆書きはそのままでも英語併記を工夫する、そして価格競争に巻き込まれないことが重要、と日本酒関係者に説き続けてきました。

もう一点、日本酒にはフランス産ワインと異なる生産事情があります。ヴィンテージ保存です。ドバイのレストランで販売し始めた〝古酒〟は、日本では希少な品物。ワインの世界ではヴィンテージ品がたくさんありますが、日本酒のヴィンテージとなると極端に少ないのです。もし日本酒の蔵元が厳選した20年物、30年物のヴィンテージ吟醸酒を販売したら、おそらく値段は高くても飛びつく日本酒ファンが世界中にいるはずです。しかし、日本酒ヴィンテージはほとんど出回っていません。

どうして古酒は出回っていないのか。簡単に言えば、フランスワインとの原材料調達の違いです。ボルドーやブルゴーニュの有力シャトーは、自社の敷地内のブドウ畑で自家栽培したブドウを収穫し醸造します。つまりブドウの原料費はほとんどかからず、せいぜい収穫時の人件費だけなのです。一方、日本の蔵元の多くは原料の酒米を地元ではなく、他府県の農家から調達するケースが少なくありません。それを初冬の寒い時期に仕込み、早く売り出して収入を得なければ、翌年の酒米を調達できません。自社の田んぼで酒米を自ら栽培する蔵元は案外少ないのです。

日本酒通ぶった人がよく「新潟は米どころだから酒が美味い」と言いますが、これは大きな勘違いです。新潟県の有名な蔵元の多くは兵庫など他府県の醸造用品種、山田錦などを購入しています。山田錦は穂が高くて実が重く、強風の日本海側では育ちくい、だから他府県産なのです。数年前、新潟県の長岡市周辺の有機栽培農家が山田錦栽培に成功しましたが、それまではほとんど収穫できなかった品種でした。

日本酒の蔵元は他者から酒米を購入して仕込むから、醸造した酒を早く現金化したい。蔵元が数年間にわたりヴィンテージ物として保蔵することは、別の安定収入源でもない限り難しいのです。仕込んだ酒を長く手もとに置いて価値を高めたくても、多くの蔵元は早く販売して翌年の仕込みをしなければなりません。

ワインのようにエイジングによって深い味わいが出る日本酒もあれば、グラッパのようなキリッとしたのど越しの酒もできます。が、保蔵する期間の別収入がないことには長期保蔵は不可能です。

富山県の「満寿泉（ますいずみ）」のように、30年も前から毎年数千本を古酒としてキープしている蔵元なんて全国に多くはありません。

ボトルやラベルのデザインをもっと工夫し、ヴィンテージ物など特別なストーリーを語れる酒を造り、さらにフランスのシャトーのように醸造元で食事ができたり宿泊ができたりしてブランド価値を高められたら、フランスワインのように高価格で販売することが可能になります。言い換えれば、高価格だからこそ売れる価値と仕組みを作ることが大切なのです。

世界を相手に〝安いから売れる〟ビジネスではなく、〝高いから売れる〟ビジネスを考える。酒のみならず、いろんな商品カテゴリーで考えてはどうでしょう。これこそがクールジャパンではないかと思います。

シャンパンのドンペリニヨン醸造責任者リシャール・ジョフロア氏と満寿泉がコラボして生まれた日本酒ブランド「IWA5」

メイド・イン・ジャパンの越境

中国をもっと攻める

May 18th,2019

平日の夕方、銀座中央通りを歩いていたら、銀座5丁目のジーユーの前に数十人の中国人観光客、おそらく買い物をした後にチャーターバスの到着を待っていたのでしょう。みんな大声でしゃべりまくり、日本の街角ではないような光景でした。GSIX（GINZA SIX）がオープンしたときに団体バスの停車スペースが裏側にできましたが、スペースが足りないのか、結局、中央通り側にもチャーターバスの隊列となり、渋滞緩和にはなりませんでした。気のせいか、以前よりもバスの台数は増えたように感じます。

中国人観光客のショッパーから、ユニクロとジーユー、コムデギャルソンのドーバーストリートマーケット、バオバオイッセイミヤケ、アルビオン化粧品、これらが銀座地区の人気ブランドベスト5でしょうか。とにかくこの五つのショッパーを持つ観光客をたくさん見かけます。

中国の関税制度が改善され、並行輸入の元締めに雇われたアルバイトの爆買いはかなり減少しましたが、それでもユニクロとジーユーの前では路上で大きなトランクに商品を詰め込む姿をまだ見かけます。この人たちはブローカーの手先でしょうか。

並行輸入ブローカーの大量買いが減り、中国系のお客様の顔ぶれが様変わりしました。銀座で見る限り20代後半から30代前半までのオシャレな人が随分増えました。特に垢抜けた若い男性客、流暢に英語を話す中国人客がかなり多くなったような気がします。

海外客が増える一方にある中で、「インバウンド消費に頼ってい

インバウンドで賑わう銀座（G SIX）

いのか」という議論が業界にはあります。でも、ニューヨーク、ロンドン、パリの都心部を見てください、主要店舗はどこも地元のお客様より外国人客のほうが多いのが実情です。

例えばロンドンのハロッズ、ラグジュアリーブランドが並ぶフロアで耳をすますとお客様同士の会話の多くは英語ではありません。買い物をしているのはロシア系と中東系の富裕層。ニューヨーク五番街のサックスフィフスアベニューの婦人靴売り場、ここでは朝から巻き舌英語の中南米マダムが靴箱を高く積み上げています。パリのギャラリーラファイエット本館も中国人客の方がフランス人より圧倒的に多い。つまり世界主要都市の有力百貨店の売り場を支えているのはインバウンド消費、東京の銀座や新宿、大阪の心斎橋は世界の主要都市の様相に近づいてきたのです。

まだ全館売り上げの4分の1くらいがインバウンド客でしょうが、近い将来は約半分という構図が考えられます。この先、人口減少が明らかな国内需要だけで発展は考えられず、インバウンド需要を取り込まないことには売り上げの維持は難しい。大都会でもイン

ハロッズも英語ではない会話が増えた

バウンドが期待できないエリアでは売り上げの減少を食い止める方法はありません。

爆買い期間が長かったので中国系旅行者がショッピングする姿を冷ややかな目で見る日本人は少なくありませんが、１９７０年代に団体パック旅行でパリに出かけた日本人と比べたらどうなのでしょう。ほとんど変わりません。70年代のパリの日本人観光客は腹巻から現金やトラベラーズチェックを取り出して支払っていましたから、現在の中国系旅行者よりももっと滑稽でした。だから中国系のお客様を笑ってはいけない、彼らに支持されている商品やブランドをもっと誇りに思ってもいいのではないでしょうか。

先日、日本のファッション商品や雑貨を中国やアジアのオンラインショッピングでどう伸ばせるのか議論しました。アリババをはじめアジア各国でオンライン販売は急成長していますが、ブランドとして海外である程度評価されていなければ売り上げ増は期待できません。日本のリアル店舗でインバウンド客に人気のないブランドでは、いくら海外の有力オンラインのプラットフォームに出店したところで成功は無理です。

では、インバウンド客に根強い人気のジャパンブランドはいったい、いくつあるのでしょうか。前述の5ブランドに無印良品とオニツカタイガー、他にはコスメとファッションであと2、3ブランド。結論として、ジャパンブランドの海外オンライン販売はかなり難しいのでは……、という話になりました。

代わりに、健康志向の高まりとフレンチが和食に接近している傾向から、日本の食料品関連はこれから海外オンラインで伸びる可能性があります。昆布や鰹節など出汁の材料や、みりん、ポン酢、お酒、お茶、有機栽培米、お肉、お菓子、スイーツ、フルーツなど、やり方によっては海外オンライン販売でかなり伸ばせるかもしれません。

米中貿易戦争で先行きにやや不透明感はありますが、それでも中国の人口を考えれば日本から数時間のフライト圏内に広大なマーケットが存在します。しかも新興富裕層は急増し、消費者のライフ

オニツカタイガーも
訪日客に大人気

スタイルや生活価値観は大きく変わってきました。しかしながら、まだ日本のファッション業界には欧米市場重視、アジア市場軽視の傾向があります。欧米市場でもアジアからの旅行者にたくさん買ってもらってはいますが、人口を考えるとそろそろアジア市場に本腰を入れる時期ではないでしょうか。

欧米の百貨店や人気セレクトショップは支払いがよくありません。注文をもらっても代金回収は簡単ではなく、受注金額が増えれば回収リスクも上がります。それよりも、人口の多い、オシャレに目覚めたアジア市場を攻めたほうが健全な海外ビジネスを進められるのではないでしょうか。いつまでも「パリに出たい」ではなく、「アジアでどうファンを作るか」を考える時期だと思います。

世界最大級のファッション見本市「上海ファッションウィーク」に日本の若手デザイナーブランドを集めて参加しているオープンクローズの幸田康利さんか

オープンクローズ
2001年創業。「70億人に70億通りのファッション」をテーマに、衣服に関わる人々の知識と技術によって新しい「開かれた衣環境」の実現を目指すプロジェクトを展開している。

上海ファッションウィークに参加するオープンクローズのブース

ら報告がありました。前回は中国各地のセレクトショップから合計6000万円を超える受注があった、と。中国市場では無名のジャパンブランドばかりですが、数字は順調に伸びています。さらにシーズンを重ねたら注文はもっと増えるでしょう。

欧米トップブランドは自ら大型店を主要都市に出すので、地元セレクトショップはニッチなブランドを導入して差別化するしかありません。こうした現地のストアに魅力的な商品を提供すれば、ジャパンブランドにはチャンスがあります。

問題は次のステージです。受注は増えましたが、次にどんな手を打って中国の消費者に日本の魅力を訴求するのか、あるいはオンラインを含めて自ら小売事業を計画するのか。幸田さんに言いました。「海外展開に関心ある若手デザイナーを集めて、みんなで考えてみては」と。今月、海外展開に関する勉強会を行います。海外でもしっかりビジネスしたいとお考えのデザイナーさんが対象です。

Xin-Tokyo でのレクチャーの模様（オープンクローズ）

おまけしないニッポン

May 24th, 2019

今週、東京国際フォーラムで「プレミアム・テキスタイル・ジャパン」（ＰＴＪ、日本ファッション・ウィーク推進機構主催）が開催されました。このテキスタイル事業に私は直接関わってはいませんが、主催者の理事の一人でもあるので毎回視察しています。

今回はクールジャパン機構が出資している米国アパレル企業の企画担当者を数社の出展社に引き合わせる目的もありました。日本人たちがニューヨークで立ち上げたオンラインブランド企業です。彼らに「もっと質の高い商品を開発するため日本製テキスタイルを活用してはどうか」と助言し、テキスタイル見本市視察のための来日を勧めました。

そして、今週土曜日には見本市出展社数社の代表者が構成メン

素材からの差別化へ、PTJの会場

バーでもある「繊維・未来塾」で久しぶりにセミナーをすることになっています。みなさんがどういう仕事をなさっているのか、私には予習する目的もありました。

全部のブースを細かく視察したわけではありませんが、シーズンを重ねるごとに日本のテキスタイルは進化していると強く感じます。個人的に注目した素材は、北陸の第一織物が開発した新しいナイロン素材です。とてもナイロンの触感とは思えない柔らかさ、しなやかさがありました。これならパリやミラノコレクションのトップブランドが採用するに違いないと思ったら、既に某トップブランドが発注済みでした。

もう一点は今治の渡辺パイル織物が作ったウールパイルです。コットンではなく、ウールでこんな生地ができるのだと驚きました。先のプルミエール・ヴィジョンでも海外ブランドから引き合いがあったそうです。

15、16年前、経済産業省繊維課が繊維中小企業の自立事業支援を公募した際、私は民間審査員の一人でした。審査員が五十数社の事業計画書と過去3年の決算書類を事前に読んで採点し、上位得点の企業経営者を面接して合否を決めました。たまたま私が面接した経営者の中に第一織物の吉岡隆治社長と渡辺パイルの渡邊利雄社長がいました。お二人のことは交わした会話までよく覚えています。

第一織物も渡辺パイル織物も提示された事業は合格、補助金をもとに新しい素材開発をなさったようです。結果的に、前者はイタリアの人気ブランドからアウター用高密度素材、後者はフランスを代表する老舗ブランドから服や雑貨用素材の注文をここ数シーズン、受けています。自分が査定した中小企業が世界有数のブランドと取引し、今も我々を驚かせる新素材を開発している、こんな嬉しいことはありません。

さらに、海外トップブランド側の値引き交渉に簡単には応じない姿勢、これも立派です。日本企業は知名度の高いブランドから引き合いがあると値段を簡単におまけしてしまう傾向があります。自社の商品に誇りを持って簡単にはおまけしない、これこそ海外ビジネスには大切な姿勢です。

海外トップブランドを惹きつける日本の素材（写真は第一織物）

今週末の繊維・未来塾では、広大な世界市場にもっと売り込むためにはどうすればいいのか、また変動する世界市場で今後どのようなビジネスモデルが考えられるのか、の2点についてお話しするつもりです。

日本の職人気質と新しいテクノロジーによって、日本製素材の評価、存在価値は以前よりもグンと上がっています。他国や他社にはできない素材作りに誇りと自信を持ち、簡単に値引き交渉に応じることなく世界のブランドに対してメイド・イン・ジャパンを売り込む姿勢が重要という、クールジャパン推進策として5年間訴え続けてきたことをまずお話ししたい。

いかなる商品ジャンルもそうですが、差別性の高いものづくりをしている限り日本企業はおまけする必要はありません。取引時に「高い」と言われたら、「よその会社に行ってください」と言うべきです。他社との違いを理解しているからこそ相手は注文しようとするのですから。

もう一点は時代変化です。長らく市場を牽引してきた海外の巨

クールジャパン機構発足式でミニショーで協力してくれたミナペルホネン

大企業がどうして次々に事業を縮小しているのか、今後どういうビジネスモデルが伸びるのか、製造業がダイレクトに一般のお客様とつながることはできないのか、できるとすればどういう方法が考えられるのか、これもみなさんと意見交換をしたいと思っています。

講演の後には打ち上げも、場合によっては二次会も三次会もあるとか、たっぷり議論したいですね。

地方発、世界へ

July 10th,2019

パリ出張から戻って深夜にテレビのチャンネルを回していたら、「逆転人生」というＮＨＫの番組に行き当たりました。そこに「獺祭」の旭酒造の桜井博志会長が出演していたので途中から観ました。桜井さんには前職のクールジャパン機構時代に大変お世話になり、またＪＦＷ東京コレクションのスポンサーにもなっていただいていいます。

山口県岩国市、当時は酒どころとして認知されていなかった地域に旭酒造はあります。新潟や秋田など地酒で有名な地方都市なら売り込みに行ってデパ地下バイヤーも居酒屋の店主もすぐ受け入れてくれたでしょうが、岩国の小さな蔵元ではほとんど相手にされず、一度は挫折して地ビール醸造に転身しました。しかし地ビールも拡販できず、酒造りの杜氏（とうじ）は退職してしまい、桜井さんがどん底を味わったという話は有名です。

杜氏がいなくなった後、旭酒造はもう一度、日本酒造りを始めました。杜氏抜きで室温や湿気などを科学的に管理しながら現在の獺祭を生み出したのです。酒造りの職人がいない常識外の生産体制、結果的にこれが奏功しました。

テレビの解説で知ったのですが、売上高1億円程度の零細企業がいつの間にか135億円です。私が初めてお会いした2013年当時はまだ5億円ほどでしたから、ここ数年で急

獺祭は東京コレクションの協賛企業に

成長したわけです。現在は白鶴、月桂冠、宝酒造、大関、日本盛に次いで第6位の売上高でしょうか。兵庫の灘、京都の伏見のような酒どころではない地方の零細蔵元が、テレビCMを打ってきた大手酒造メーカーと肩を並べるまでに成長した、その要因は海外展開へのあくなき挑戦でした。

ＮＨＫの番組では、桜井さんがニューヨークに一人乗り込んで自作の吟醸酒をレストランに売り込むシーンや、フレンチの巨匠ジョエル・ロブション氏にアポを入れて試飲してもらい、6年後に採用されたシーンが印象的でした。英語を十分に話せない地方の経営者、普通なら食品専門商社や酒問屋に任せるのでしょうが、桜井さんは最初から自分で売り込んで海外販路を開拓したのです。番組を観ながら、黎明期のソニーを思い出しました。

日本は人口が減少に向かい、将来、国内の酒市場はもっとシュリンクします。販路を広い海外に求める以外に日本酒ビジネスが伸びることは考えられません。しかも現状、全国の蔵元の醸造用タンクは多くが空きのまま、つまり需要がないからタンクを使用していないのです。既存のタンクをフル稼動させるためにも日本酒の海外展開は必須、旭酒造はそのお手本です。

でも、中には保守的な蔵元がたくさんいて、獺祭のように杜氏がいない〝科学の酒〟は日本酒ではないと陰口をたたく人もいれば、日本酒の本当の味を知らない外国人に売ってどうするのだと海外展開そのものを批判する経営者もいます。その一方で、批判的な長老たちの後継者（蔵元の専務たち）の中には、旭酒造を見学して桜井さんから学ぼうとする人たちも増えました。

若い後継者たちがその気になって酒そのもののグレードを上げ、パッケージやボトルデザインを工夫してブランディングを心がけ、おまけしない強気の価格設定ができれば、あとは販売チャネルの整備です。それができれば、良質の日本酒はフランスワインのように世界市場で展開できます。

前職では5年以上、内外のいろんな食ビジネス関連企業に日本酒の海外展開の可能性を打診しました。ワインをフランスから運ぶ会社、航空会社の商事部門、免税店、食品商社、酒問屋、現地の小売店など。そしてついに香港や中国でフランスワインなどを卸売りする現地企業の買収に成功し、日本酒を海外に流せる太いチャネルができました。

かつての地酒ブームに大貢献した新潟、石川、秋田などメジャーな県以外にも、福井、富山、山形、岩手、福島などに海外展開に意欲ある蔵元がそれぞれ数軒ずつあります。わが故郷三重県にも小さいながら隠れた銘酒を造る蔵元があり、四国でも無名の吟醸酒ながら飲んでびっくりした経験があります。こうした地方の小さな蔵元がブランディングをしっかりしてくれたら、現地の販売ルートを通じて日本酒を世界にもっと多く、もっと高い値段で出せます。

ＮＨＫ「逆転人生」の「逆転の日本酒　世界に羽ばたく」（6月24日放送）、ＮＨＫオンデマンドでぜひ観てください。酒の世界だけの話ではなく、日本のテキスタイルやファッション、あるいは伝統工芸品の海外展開においても勇気づけられる実践論ですから。

獺祭は強力なジャパンコンテンツ

Perspective

人口減少で海外進出は必須に。ECやバイマを生かす仕組み作りを

増える、個人客のための買い物代行

新型コロナウイルスの感染拡大で各国とも出入国の規制を強化し、観光旅行はおろか出張にさえ簡単に行けなくなりました。タイ国際航空やヴァージン・オーストラリア航空が倒産、米国最大手レンタカー会社のハーツも倒産、これからホテルや鉄道、バス会社など観光産業の経営破綻はどの国でも急増します。

緊急事態宣言下の4月、官公庁が発表したインバウンド客数は前年対比0・01％の2900人、先の東京オリンピック以前の低い数字だそうです。国内の百貨店は1月の春節までインバウンド消費を伸ばしましたが、それ以降はぱったり。長期営業自粛が明けてもインバウンド消費はしばらく厳しいでしょう。

小売店などが営業を再開した中国では、マスク姿の消費者が店に殺到、海外ラグジュアリーブランド店は売り上げが好調と伝えられています。外出禁止で買い物でき

なかった欲求不満が爆発している、営業再開でラグジュアリーブランドがコロナ以前とほぼ同じ状態とは、中国消費はすごいです。

コロナ感染が収束しても日本では当分の間、インバウンドは元の状態に戻らないと言われています。とはいえ、インバウンドを諦め、国内消費だけをアテにしてよいのでしょうか。日本の人口は今後確実に減少しますから、国内消費だけに頼っていては成長は望めません。消費拡大のためにはインバウンドであろうがアウトバウンドであろうが、どうしても海外市場を相手にしなければなりません。

中国人観光客が消えた2月以降、都内の売り場では〝バイマ〟らしき中国系のバイヤーを多数見かけました。コロナショックで日本に旅行ができなくなった中国、香港、台湾の富裕層が、日本在住の中国人に自分の代わりに日本で買ってほしい商品の情報をスマホで送ります。それを受け取った買い物代行人がショップに出かけ、販売スタッフに商品写真を見せ、探しているサイズと色を言います。このようにして商品を集め、依頼主に個人的な小包として送ります。

買い物代行の中国人は、数年前まで日本で爆買いをしていた並行輸入バイヤーとは全く違います。並行輸入バイヤーは数年間にわたりアルバイト要員を使って商品を買い集め、中国で販売して大きな利ザヤを得ましたが、中国政府が関税を課すようになってその数は激減しました。店の開店時間前からアルバイトが行列して買い漁るため開店直後にその日の在庫が消え、個人のインバウンド客は買い物ができないということがなくなりました。

並行輸入バイヤーに代わって登場した中国人は個人客に買い物代行を頼まれる人たちです。依頼主からどれくらいのマージンを得ているのかはわかりませんが、ブランドショップですっかり顔馴染みになっている人もいます。

日本人の中にもヨーロッパのバイマに依頼し、現地からブランド商品を取り寄せる消費者がかなり増えました。外資ブランドのジャパン社が無難な売れ筋を中心に品揃えすると、コレクション情報で欲しいものを見つけた消費者は入荷しない個性的品番をバイマ経由で現地調達しますが、日本で走り回る中国系バイマはそれと同じです。

もっと海外からのタッチポイントを

日本で活躍するバイマに対して、ブランドの直営店や百貨店はどのような囲い込み、つまりタッチポイントを用意し、サービスをしているのでしょう。日本のお客様にはハウスカードやポイントカードの発行、商品情報やイベントの案内が届くのに、外国人だからとおそらくほとんど何もケアしていないのが現実でしょう。

並行輸入のバイヤーと買い物代行者を同じに扱ってはいけません。前者は明らかにブランド企業の正規販売ルートの邪魔をして中国市場で大儲けしているので、何もケアをしてあげる必要はないでしょう。しかし、後者は常連顧客としてそれなりのサービスを提供すればリピーターになってもらえます。コロナショックでしばらく来日できない中国系富裕層とは、こうした買い物代行を通してパイプをつなげるしかありません。

来日したくてもできない人たちに向けた越境ＥＣも、そろそろ日本側で考えるべきでしょう。米国の大手小売業のサイトに私たちがアクセスすると、ほとんどの会社では「日本向け配送開始」の画面が登場します。例えばエバーレーンやクレイト＆バレルなど現地で買い物をした際にメールアドレスでレシートを受け取った会社からは、数日おきにオススメ商品の情報が配信されてきます。

コロナによる臨時休業中、サックスフィフスアベニューなど米国高級百貨店のＥＣサイトは日本向けも営業し、ラグジュアリーブランドの日本円定価と25〜60％の割引価格の両方を表記している商品も多数あ

バイマ
日本にいながら世界中の商品を購入できるソーシャルショッピングサイト。世界各国にいるパーソナルショッパーに買い物を代行してもらうサービス。

クレイト＆バレル
全米のショッピングモールに１００店舗以上の大型店舗を構えるリビング雑貨と家具の専門店。定数定量管理のお手本であり、ドアを開けた瞬間に季節感を感じさせるＶＭＤは見事。これまで多くの日本企業が提携を持ちかけた。

ります。米国内の店舗は休業でも、仕入れた在庫は何としてでも減らさなければならない、日本向けECサイトでも早期に割引をして消化を急いでいるのです。服と違ってサイズもシーズン性も大丈夫なはずのバッグ類でさえ30％の早期割引、日本より顧客が多い中国向けECサイトでもブランド商品を割引しているはずです。

コロナショックが2次、3次と続く可能性が指摘されていますが、そうなるとますます海外に出られなくなります。中国系の富裕層は各国で買い物代行を頼むか、越境ECで商品を取り寄せるしかありません。彼らは欧米の有力小売店の越境ECサイトを利用するでしょうが、日本のブランド商品はどうでしょう。欧米小売店のサイトでは日本国内の数倍の値段がついているものがあり、それをわざわざ注文するとは思えません。日本のブランドは日本の越境ECのほうが値段はリーズナブルで、しかもニセモノが配送されてくるリスクはまずありません。

越境への小売りビジネスモデル

クールジャパン機構でも越境ECによる日本ブランドの海外展開を何度も検討しましたが、出資する話はなかなか実現しませんでした。訪日客へのアプローチはよく話に出ましたが、日本ブランドの越境ECはまだ機が熟していなかったのでしょう。

が、コロナショックでこれまで急増して

いた訪日客が全く来ない現実を前に、日本の優れものを個人の買い物代行者に委ねるだけでなく、積極的に越境ＥＣを仕掛ける時期が来たのではないかと思います。日本の優れもの、カッコいいもの、美味しいものを求める消費者は確実に世界中で増えています。彼らが来日して買い物できないのであれば、ＥＣプラットフォーム、小売店サイト、あるいは個々のブランドサイトであれ、日本側が彼らに届ける仕組みを作るべきでしょう。

ユニクロや無印良品など海外展開でも成功している日本企業も、このコロナショックでアジア圏のみならずヨーロッパでも臨時休業を強いられました。日本のように自粛要請ではなく休業命令、しかも休業期間がかなり長期化したので相当量の在庫状況にあると思います。パンデミックはまたいつ起こるかわかりませんから、海外ビジネスはリスキーです。しかし国内市場は今後、人口減少で縮小することが目に見えていますから、海外に販路を求めるのは当然だと思います。

何度もブログに書いてきましたが、ファッション分野で海外市場に進出するなら卸売業ではなく、お客様と直接つながる小売業、しかもリアル店舗とオンラインを結ぶビジネスモデルしかありません。デジタルとオンラインの時代は、作り手とお客様の間をどれだけ短縮できるか、タッチポイントをどこまで拡充できるかが成功のカギです。現地小売価格をいくらにするかも小売業ならマネージできますが、卸売業では法律上、マネージできません。お客様までの距離を可能な限り短縮し、小売価格を抑制し、売掛金の回収が確実にできる海外ビジネス、今後もっと増えることを期待したいです。

コロナショックでインバウンド客が激減し、ここ数年、外国人で賑わっていた京都や北海道などの観光地、買い物客で溢れていた東京、大阪の都心部商業施設の落ち込みは半端ではありません。この状況から「それ見たことか」とインバウンドビジネスを批判する声もあります。でも、インバウンド消費を喚起するビジネスそのものが邪道なのでしょうか。国内市場のシュリンクが迫っているのです、国内のお客様をより丁寧にケアしながら、海外のお客様を取り込むことは邪道ではない、と私は思います。

アジアに進出したビームス。写真上は台北、下はバンコク

ただし、海外ビジネスを進めるのであれば、自分たちの商品やサービスに誇りを持ち、絶対に海外でおまけしないニッポンであってほしいです。

May 26th,2020

制作過程
1/20

第6章

人を育てる喜び

長らく「先輩の背中を見て学べ」式だった日本のファッション流通業界で、MDを中心に専門業務を指導してきた。個人プレーの継承ではなく、売り場をチームとして機能させ、MDを組み立て、販売し、実績を作る。全ては人材育成なしに始まらないからだ。

美しいものにはワケがある

ユニークな人材育成

August 28th, 2018

数年前、関西を拠点に活躍している建築家の平沼孝啓さんを友人から紹介されました。平沼さんは柱が1本もないガラスの建物を考案し、ヴェネツィア・ビエンナーレの代表幹事を務める高名な建築家からそれを会場エントランスに建ててはどうかと誘われ、実現に向けて奔走しているときでした。

デザインはとてもユニークなのですが、日本から重量のある特殊ガラス構造物を分解して運び、現地で短期間のうちに組み立てて

ヴェネツィア・ビエンナーレ
19世紀末からヴェネツィアで2年に一度開催されている現代美術の国際展覧会。美術部門だけでなく、別途で建築ビエンナーレもあって世界の建築業界の発展に寄与してきた。

オープニングに間に合わせるには、かなりの費用がかかります。支援してくれそうな企業や役所を回ってそこそこのサポートは得られましたが、目標の金額には届かず、平沼さんは結局断念しました。私はこのとき少しお手伝いをさせていただき、そこからのご縁です。

平沼さんがロンドンのＡＡスクール（Architectural Association School of Architecture）で建築を学んでいた頃、セントラル・セント・マーチンズのファッションデザイナー予備軍たちと密な交流がありました。その一人がアレキサンダー・マックイーンです。だからか、平沼さんはファッション業界人顔負けのおしゃれをして、いつも私の前に現れます。

平沼さんは自らの建築事務所を運営する傍ら、設計事務所やゼネコンで働く若い建築家にチャンスを提供しようと、日本建築協会の活性化プログラム「U‐35委員会」（35歳未満の建築家の勉強会）を運営し、さらに全国の大学や大学院で建築を学んでいる学生を募り、歴史ある場所で夏季合宿を行い、チームごとに集中議論とプロ

ＡＡスクール
1847年にロンドンで開校した建築家養成学校。ザハ・ハディッド、レム・コールハウス、リチャード・ロジャースなど世界的な建築家を多数輩出している。

ジェクト発表をする「建築学生」を主宰しています。2010年の奈良「平城宮跡」に始まり、11年は琵琶湖の「竹生島」、15年「高野山」、16年「明日香村」、17年「比叡山」、そして今年は9月2日に「伊勢神宮」で開催されます。会場はどこも由緒ある場所。なぜこのような場所を選んで学生に建築を考案させるのか、「建築学生2018」のホームページに開催目的がこう記されています。

1．学生のための発表の場をつくる

学内での研究活動が主体となっている学生にとって、一般市民に開かれた公開プレゼンテーションを行うこと自体が非常に貴重な体験となります。また、現在建築界で活躍する建築家を多数ゲスト講師に迎えることで、質の高い講評を参加者は受けることができます。また、ワークショップ終了後の会場での展示や、会期報告としてホームページや冊子の作成を行い、ワークショップの効果がさらに継続されるような仕組みをつくります。

日本建築協会の「U-35委員会」による作品展示

2. 教育・研究活動の新たなモデルケースをつくる

海外での教育経験のある講師を招聘する等、国際的な観点から建築や環境に対する教育活動を行うワークショップとして、国内では他に類を見ない貴重な教育の場を設けます。また、行政や教育機関の連携事業として開催することで、国内外から注目される教育・研究活動として、質の高いワークショップをつくることを目指します。

3. 地球環境に対する若い世代の意識を育む

現在、関西地方には、世界に誇る貴重な文化遺産を有する京都や奈良、琵琶湖や紀伊半島の雄大な自然など、豊かな環境が数多く残っています。しかしながら、近年の社会経済活動は環境への負荷を増大させ、歴史的に価値の高い環境をも脅かすまでに至っています。このワークショップでは一人一人が地域環境の特殊性、有限性を深く認識し、今後の建築設計活動において環境への配慮を高めていくと同時に、地球環境の保全に貢献していくことをねらいとしています。次世代を担う学生たちが、具体的な経験を通して環境に対する意識を育むことは、環境と建築が共存できる未来へと、着実につながるのではないかと考えます。

4. 地域との継続的な交流をはかる

歴史、文化、自然が一体となって残る地域の特色を生かしたプログラムを主軸に、特殊な地域環境や、住民との交流によって生み出される制作体験を目的としています。各地域には、それぞれの土地で積み重ねてきた歴史や文化、風土があり、短期間のイベントであればそれらを深く知ることはできませんが、数ヶ月にわたる継続的な活動を前提として取り組むことで、より具体的な提案や制作によって、地域に還元していくことができると考えています。

全国の学生さんに自費参加のエントリーをさせて見知らぬ者同士

をチーム編成し、チームごとに由緒ある会場周辺のことを調べ、いろんな角度から建築や環境について議論します。現地合宿ではみんなでプレゼン用の制作物を作って発表し、これを識者が講評する。何ともユニークな実践的教育です。会場の交渉から学生宿舎の手配、資金集め、関係機関との折衝、講評担当の手配など一人の建築家とその仲間がボランティアで汗をかいている、実に素晴らしい人材育成プログラムではありませんか。ここで貴重な体験をした若者たちが将来、世界的な建築家に育つかもしれません。

私は建築業界の人間ではありませんが、三重県出身ゆえ伊勢神宮開催での講評に協力してくれないかと平沼さんに頼まれました。他の委員の方々はほとんどが建築学科で教鞭をとっている大学の先生や建築家、ファッション専門の私が何を基準に学生さんのプレゼンを講評していいのかわかりません。きっと恥もかくでしょうが、面白い人材育成の形なので勉強のつもりで参加させていただきます。

私は１９８５年にニューヨークから帰国し、自分が体験した米国式実践教育を日本に伝えたいと、ＣＦＤ（東京ファッションデザイ

「建築学生」のプレゼン風景

ナー協議会）のオフィスで私塾「月曜会」を開き、その後、業界リーダーたちとＩＦＩビジネス・スクール（ファッション産業人材育成機構）の立ち上げに尽力しました。平沼さんの一生懸命な姿を見ると、あの頃の自分が懐かしく思い出されます。

門外漢ながら建築学生２０１８に参加しますが、発表する建築科の学生さんたちと講評する先生たちに触発されて、新しいファッションデザイン界の人材育成プログラムを思いつくかもしれません。週末、伊勢市でのプレゼンを楽しんできます。

実学ワークショップ

September 3rd,2018

伊勢市駅前のビジネスホテルで早めの朝食をとり、７時前に徒歩数分の神宮外宮に参拝してきました。お伊勢さん、早朝から随分大勢の参拝客がいるものですね、ちょっとびっくりでした。日本の神社の総本山という意識で参拝するからか、何とも荘厳で、特別な空気を感じ、背筋がピンと伸びて元気をもらえます。

午前9時過ぎ、「建築学生2018」のプレゼン会場に。主催者から簡単な説明があり、ご近所の空き地に参加学生8チームが組み立てた八つのフォリーを視察し、作品を前に彼らが表現したかったことや組み立ての苦労話を各チームリーダーからヒアリングしました。説明不足の場合、伊勢神宮の熱血広報課長や発想段階から熱い指導をなさってきた東京大学のS准教授が学生さんに代わって丁寧に補足してくださいました。みなさん実に優しい。

八つのフォリーの出来映えを確認した後にプレゼン会場に戻り、各チームからそれぞれコンセプト策定までの経緯、設計の意図、実際の制作作業などを改めて聴いて点数をつけるのが私たちの役目でした。私は建築の門外漢、「ファッションの世界では、美しいものにはワケがある、と指導してきました。今日はたくさんのワケを見せていただきます」と冒頭にあいさつしましたが、シロウトが点数

フォリー
一般に、西洋の庭園に見られる装飾用の建物のことを指す。特定の用途を持たない。

をつけていいのかと複雑な思いを抱きながらの参加でした。

そして、下の写真の作品を制作したチームが最高得点の最優秀賞に決まりました。白い麻のループが数本、触れてみると固いループもあれば柔らかくて構造には無関係なものもあります。三つのループが屋根（天井と言うべきか）を支え、他はダミー。講評をした現代美術の先生が「トリックアートのようです」とおっしゃいましたが、屋根が宙に浮いているようなユニークなデザインでした。芯の役割のループ、最初は1カ所で留めるはずでしたが、屋根の重量に耐えられなかったので、組み立てながら現場で2カ所に変更したそうです。

他にも、外宮と内宮の鳥居をモチーフにした作品、宮川の河原で採取した石を主役にした作品、竹とコーティングした布を組み合わせて揺れをうまく使った作品、伊勢の粘土質の赤土をこねて土の大型ブロックを四十数個積み上げた作品、杉の角材をランダムにつな

建築学生2018の最優秀賞「届きそうで届かない」

げた作品など、どれも甲乙つけがたい力作でしたが、専門家の先生たちからはかなり手厳しい指摘がありました。

これまでに私はファッション関係やプロダクト関係の学生ワークショップに参加したことはありました。ただ、同じ学校のチーム編成で、しかもデザインや事業のコンセプト、事業計画のシミュレーションをパソコンで発表するケースがほとんどでした。参加者が自ら角材や竹を切ったり土をこねたり建材を組み立てたりと、実際にものづくりにまで進む形式のワークショップは初めて、新鮮でした。

北海道から鹿児島県の大学まで、参加した大学生や院生が5人ずつのチームに編成され、知らない者同士がともに伊勢市や伊勢神宮の歴史、風土を調べて基本コンセプトを議論し、具体的なデザイン、設計、そして原材料を決め、途中で指導の先生たちに修正すべき箇所を教わり、役割分担を決めてフォリーを仕上げる。かなり濃密な実践的ワークショップでした。

建築学生ワークショップは過去に、高野山、比叡山、明日香

赤土で作ったブロックを積み上げた「Kidzuki」

村、竹生島などで開催されましたが、今回は竹生島宝厳寺の管主や2年後の開催予定地である東大寺の執事長が袈裟姿で会場に駆けつけ、さらに来年は出雲大社で開催するので出雲市観光課の方々も来場。みなさん、学生たちのプレゼンを父兄参観のようにハラハラしながらご覧になっているのが印象的でした。

それにしても、講評の専門家先生たち、神宮のご担当者や伊勢市役所の職員のみなさん、材料提供やサポート役で協力した地元のゼネコン関係者、さらに次回以降の開催地関係者がこんなに温かい目と熱い思いでワークショップを応援する姿は感動でした。このイベントを主宰する平沼孝啓さんが関係者を回って丁寧に協力要請しているからでしょう。私も平沼さんに「太田さんは三重県出身だから」と1年前に頼まれたので参加しましたが、ボランティアで後進に素晴らしいワークショップの機会を提供する彼の姿を見れば誰も断れません。これぞ実学、気持ちのいい、教わることの多いイベントに参加できて幸せでした。ファッションの世界でもこういう実学ワークショップ、できないものかなあと思います。

建築学生2018の講評者たちと

これからのファッションのために

育成しない会社に明日はない

October 15th,2018

長年にわたり人材育成をしてきた松屋の若手社員を連れて、今週からアメリカ西海岸北部の視察研修に出かけます。これまで海外研修は毎年ニューヨークで、ときには私が引率し、ときには視察ポイントを事前レクチャーするだけの年もありました。

今年は初の西海岸です。新興企業が集積し、新しい富裕層が生まれ、新しい生活価値観が芽生え、全米から新しいビジネスモデルが入ってくる。今後の流通業を体感できる変化のある地域として、今はニューヨークよりもむしろ西海岸北部ではないかと考え、初めての研修地なので私が引率します。

　毎週、社員を集めて仕事の仕方、マーケットの見方、マーチャンダイジングの基本を教えてきました。業務革新するにはまずそれを推進する人材を育てなければならない、この考えは百貨店でMDゼミを始めた1995年から変わりません。企業は何と言ってもヒト・モノ・カネの順番、人材がいなければ企業の成長はありません。ヒトが育てば価値ある商品を生むこともでき、人材と商品が揃っていればお金は自ずとついてきます。

　人材育成で最も重要なことは、教える側が大きなビジョンを示すことです。この組織、この会社をどういう方向に持っていきたいのか、どう変えていきたいのかを上層部はまず提示し、それを実現するために社員みんなにどうしてほしいのか、何を身につけてほしいのか、どんな人材に育ってほしいのか、これらを受講する側が理解しないことには効果はありません。

　これまで何度も申し上げてきたことですが、日本のファッ

西海岸で新しいビジネスモデルを視察。写真左は「b8ta（ベータ）」。月額制でスタートアップなどに商品の販売スペースと、店内で取得したマーケティングデータを提供し、お客様はオフラインで商品を体験できる。右はアマゾンゴーに入店するためのQRコード

ション流通業界は「先輩の背中を見て学べ」「先輩からノウハウを盗め」式の育て方がほとんどでした。こんな〝ヤマカンＯＪＴ〟ではベテラン社員の個人プレーの継承になってしまう危険性がありま す。ちゃんとした教育プログラムを整え、人事担当が受講者を選び、時間をかけて会社の基本方針に沿ったトレーニングをすべきです。

松屋に復帰した２０１１年、百貨店の社員教育とは別に、お取引先の店長さんを対象に「ＭＤスクール」を始めました。今は消化仕入れの世の中、顧客管理も在庫管理も売上管理も全てお取引先の販売スタッフに委ねています。いくら百貨店社員に商品分類や定数定量管理、販売計画の立案を指導しても、お取引先のスタッフがその気になってくれなければ業務は全く改善されず、売り場は魅力的になりません。お取引先のスタッフは配属された小売店ではなく、どうしても本社のほうを見て仕事をしますから、いくら百貨店側が定数定量の是正を求めても耳を傾けてくれません。

定数定量を特に守りたい婦人靴売り場

そこで、お取引先の店長さんたちにマーチャンダイジングの基本を教え、まずは理解者を増やそうとMDスクールの開講を決めました。受講してくれる店長さんたちが理解してくれたら、百貨店の社員が彼らにお願いする改善策を積極的に進めてくれるかもしれない、そんな期待を持って希望者を募りました。

まず驚いたのが、ほとんどの店長がマーチャンダイジングの基本を知らなかったことです。顧客管理はゆるく、顧客分類はやったことがない。定数定量が売り場を運営するうえでいかに重要なのかも教わったことがない。まして緻密な販売計画は立てたことがない。宿題を出して発表してもらうと、満足なレポートは私が指導してきたアパレル会社の店長たちのものだけでした。

でも、ＭＤスクールで習得したことを実践して成果を上げた化粧品ブランド、インポートブランド、大手アパレル、国内デザイナーアパレルの店長たちからは非常に喜ばれました。日本ブランドの顔馴染みの店長さんから「あそこ（私が社長だった会社）だけ売り場の雰囲気が違っていた理由がわかりました」と言われましたが、同業他社の現場スタッフは薄々気づいていてくれたのです。

かつてファッションブランドの販売スタッフが「ハウスマヌカン」と呼ばれた頃、販売スタッフは実際のシーズン商品を身につけてモデルのように〝試着販売〟するのが当たり前でした。個人プレーが尊重され、ベテラン店長の売り上げが突出し、若手スタッフや新人はいつもストック整理や百貨店の集合レジに走る係でした。お得意様を多数抱えるベテラン店長がたくさん売ることに本社サイドは期待したものです。

が、私はこのやり方を奨励しません。これは80年代の古いやり方であり、今は個人プレーではなくチームとしてみんなで販売すべきです。店長が突出して売り上げを上げるのは決して良いことではないと思います。店長はストアマネージャー、つまりマネジメントが本来の役目であり、自らがたくさん売ることではありません。

そのためには、チームが共有できるロジックを教え、緻密な販売計画は店長が勝手に立案するのではなく、売り場のスタッフ全員が協議して作成すべきです。仕事の仕方を根本的に変えてもらわない

松屋銀座店のイベントVP事例

といけません。顧客分類も定数定量管理も販売計画も、店長を中心にスタッフ全員で行う。品揃えも本社営業サイドが勝手に振り分けるのではなく、店頭の意図が反映されるべきでしょう。

売り場に届いた段ボール箱を開けて次に何を売るのかがわかる受け身の仕事と、自分たちの発注意図が反映される能動的な仕事とではやる気が全然違ってきます。受け身の仕事なら自動販売機でもできます。販売現場がプロとしての自覚を持ち、能動的に仕事をしてもらうのが一番効果的、だからこそ人材育成プログラムを整備しないファッション流通業に明日はないと思います。

私的勉強会を再開

November 3rd,2018

デザイナー有志とＣＦＤを設立した翌年の１９８６年、私塾「月曜会」を開きました。募集は繊研新聞に小さな告知記事を書いてもらい、それを読んで応募してきた学生、社会人をCFDの会議室に入れる人数分だけ選び、毎週月曜日の夕方に開講するので名称は月曜会としました。参加費は無料、CFD事務局へのコーヒー代として月1000円だけ集めました。私自身が教えることもあれば、デザイナー、ファッション誌編集長、アパレル企業や百貨店の幹部を特別講師に招くこともありました。月曜会は4年間継続しました。

そもそも私塾を開いたのは通産省（当時）のお役人との会話がきっかけでした。ファッション業界団体が長年にわたり人材育成機関の議論を重ね、FIT（ファッション工科大学）などに視察調査団を派遣してきたものの、なかなか話が進まない。〝学校〟を議論するから文部省（当時）などの規制もあって進まない。それよりまずは〝塾〟あるいは〝寺子屋〟でいいじゃないか、場所なんてどこでもいい、教えたい人がやる気のある若者を集め、継続できたらいつの日か〝学校〟になるじゃないか。私は役所の委員会でこう発言しました。そのとき、お役人が「言うのは簡単ですが、誰がどこでやるのですか」と訊くので、「じゃあ自分でやってみせる」と返事をして、月曜会を始めました。自分がニューヨークのパーソンズのバイヤー養成講座で学んだような実践形式でファッションビジネスを教える寺子屋のつもりでした。

繊研新聞に告知してもらったのは、ファッション業界で働く意欲がある若者ならせめて繊研くらいは自宅購読していてほしいと思ったからです。専門学校はクラスで購読しているところもあるので、わざと夏季休暇中に募集記事を掲載してもらいました。ある学校の校長先生から「うちの学生を入れてください」と言われましたが、先生に命じられて参加する学生は要らないと、自分で申し込んでくる前向きな若者を集めました。

スタートして2年ほど経過した頃だったか、墨田区役所商工部の幹部がＣＦＤのオフィスを訪ねてきたのです。「あなたの塾を墨田区でやれませんか」と。当時、墨田区役所は両国から現在の吾妻橋への移転が決まっていて、古い区役所を建て直して新たなビルを建設予定でした。そこに既存の専門学校ではなく、新たなファッションビジネスの実践教育機関を入れたいというお話でした。

この構想に協力するため月曜会は中断し、墨田区にファッション産業人材育成戦略会議が生まれました。繊研新聞編集局長だった松尾武幸さんを座長に、メンバーはコルクルーム主宰の安達市三さん、ダンロップスポーツ専務だった岡田茂樹さん（後にジュンコシマダ社長）、オンワード樫山取締役の廣内武さん（後にオンワードホールディングス会長）、京都服飾文化研究財団の深井晃子さん、ニコル専務の甲賀正治さんたちでした。どんな人材が自分の周辺に欠けているか、それを育てるにはどんなカリキュラムがよいか、戦略会議の議論はトントン拍子で進みました。カリキュラムの詳細は松尾さん、安達さんと私の３人が小さなバーに何度も集まって作成。大枠がまとまったところで松屋の社長から会長に就任されたばかりの山中鏆（かん）さんに理事長兼学長になってほしいと要請しました。

その後、紆余曲折はありましたが、ＩＦＩビジネス・スクール（ファッション産業人材育成機構）が92年、両国に誕生し、山中さんが初代理事長に就任したのです。岡田さんと私は夜間テストス

コルクルーム
1977年に設立された、ファッション業界のシンクタンク的組織。素材からアパレル、教育機関まで業界の垣根を越えてメンバーが集いセミナーなどを開催した。

クールのディレクターとしてそれぞれ短期コースの特別カリキュラムを作り、94年秋に岡田さんのアパレルMDクラス、私のリテールMDクラスの二つが始まりました。それぞれのクラスは24回の講義、受講者は25人、〝テストスクール〟の名の通り実験講座なので授業料は破格の3万円としました。「キミたちは人材育成のモルモット、だから授業料は安い」と言いましたが、これなら会社派遣ではなく個人でも払える金額でした。

私のクラスでは私自身も講義しますが、ときには私がコーディネイターとなって外部の方に特別講師としてサポートしていただくこともありました。例えば、ユナイテッドアローズを立ち上げた重松理さん、バーニーズジャパン社長の田代俊明さん、伊勢丹の二橋千裕さん（後に東急百貨店社長）らに講義をしていただき、最終演習は伊勢丹「解放区」の新たな提案を担当取締役の武藤信一さん（後に同社社長）にぶつけるというプログラム。テストスクールとしては随分と贅沢な内容でした。

4年後の98年には全日制マスターコースがスタート。その頃、夜

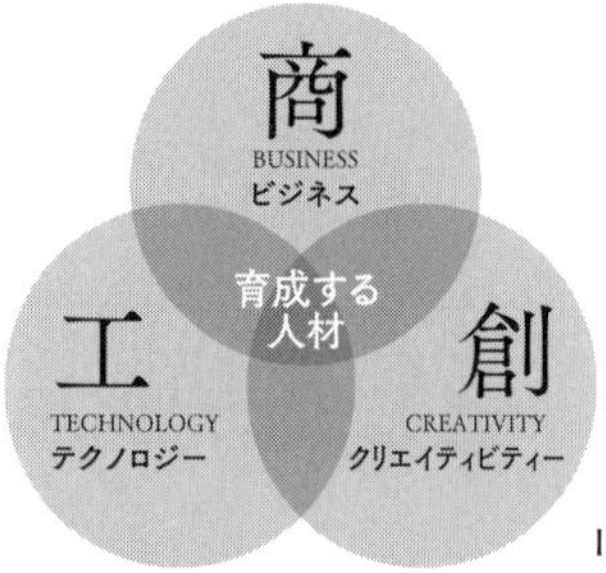

IFIの基本理念

間コースは月、火、水、木曜日の4クラス、コースディレクターの私は全クラスで初回の講義と最終回の演習発表を自ら指導しました。教務担当スタッフと一緒にカリキュラムを作成し、外部講師を選定するなどして、4クラスの面倒をみるだけでなく、全日制の講座も1年間担当しました。松屋の東京生活研究所長でもあったので滅茶苦茶忙しい日々を過ごしました。この間、夜間コースと全日制で濃密に付き合った受講生は数千人、初回テストスクールのモルモットくんたちとは今も交流があります。

しかし、２０００年春に松屋の研究所長でありながらデザイナーアパレルの経営者を兼務することになってしまい、いくら何でも三つの仕事は肉体的にも時間的にも無理なので、ＩＦＩビジネス・スクールから身を引きました。

そして私の原点である月曜会のような私塾をもう一度再開し、自分なりのやり方で後進を指導してみようと、数年前に「火曜会」を始めました。参加者はＩＦＩビジネス・スクールの教え子、元部下、セレクトショップ経営者、百貨店やアパレル関係者、フリーの

東京生活研究所
松屋が1988年に設立したシンクタンク会社。シーズンマーチャンダイジングのディレクションやマーケティング、国内外の商業施設のコンサルティングや百貨店事業立ち上げサポートなどを行ってきた。2013年に解散し、松屋MD戦略室にその機能を移管。

デザイナーと様々です。しばらくはクールジャパン機構の社長を務めていたので海外出張も多く、なかなか思い通りに開催できず中断していましたが、現在は社長業から解放されて少し余裕があるので、これからはコンスタントに開催できるでしょう。

火曜会は来週、再スタートします。テーマはエバーレーンです。この事例を紹介しながら、現行のビジネスモデルではもう戦えない時代が来たというお話をします。また火曜会とは別に、若手デザイナーを集めた勉強会やサークルも近い将来できたらいいなあと思っています。

私は学生時代からファッション流通業界の偉い方々に可愛がられ、大学生なのに執筆や講演のチャンスをたくさんいただきました。先輩たちに指導されたからこそ今日の私があります。「人材育成はライフワーク」と若い頃から言い続けてきましたが、先輩たちに育ててもらった自分が今度は次世代を刺激する、これは当然の義務です。教えるためには自分も勉強せねばなりません、自分をさらに磨くためでもあるのです。

産学協働のあり方

December 3rd,2018

ファッションビジネスで人材育成に深く関わってきました。多くの４年制大学やファッション専門学校、ビジネススクールの教壇に立ちました。所属する企業では長年にわたりゼミ形式で教えてきましたし、取引先の企業に頼まれて現場でバリバリ働くバイヤーやマーチャンダイザーを指導したこともあります。生きた実例や売り場を教材として実践教育を常に心がけてきました。

しかし、国民性あるいは業界の風土なのでしょうか、私がパーソンズで鍛えられたようなナマの事例を教育現場に持ち込んで教育することに、日本の会社はどうも抵抗があるようです。企業にカリキュラムを提示して講師派遣をお願いする際、「企業機密は紹介できません」とおっしゃる会社が多いのですが、大した機密やノウハウじゃないだろうと思うことが少なくありません。これでは日本で

リトゥンアフターワーズのデザイナー山縣良和氏が主宰する「ここのがっこう」にて

実践教育は実現しません。

よく〝産学協働〟と言われますが、日本はアメリカのようにはいきません。企業の秘密主義と無関心が日本でなかなか実践教育が進まない根本原因です。教育現場に可能な限り有効な資料を持ち込んで指導すれば、学生たちのレベルはもっと上がり、いずれ自社の組織に参画してくれる若者も増えるでしょう。アメリカのように産業界と教育現場が密接に交流し、お互いに今の時代に合った人材育成と採用を考えるべきではないでしょうか。

パーソンズでもう一つ感心したことは、年に一度の学生によるファッションショーです。ニューヨーク最大級のホテルの宴会場を会場に、著名デザイナー、大手小売店やアパレルメーカー、メディアの経営トップがブラックタイとパーティードレスで集まります。その数はおよそ2000人、10人ほど着席できる円卓テーブルに参加企業が1万ドル支払い、収益は次年度の奨学金に充てられます。その額は日本円でおよそ2億円でした。

生きた売り場を教材にした実践教育が必要

私も一度、このイベントに招待されたことがあります。同じ講師テーブルには、私がニューヨーク在住の頃に著名だったニューヨークタイムズ紙のバーナディン・モリス記者、WWDのジューン・ウイアー元編集長、テレビ番組「プロジェクト・ランウェイ」のティム・ガム先生、別のテーブルにはデザイナーのラルフ・ローレンやダナ・キャラン、高級小売店バーグドルフグッドマンやサックスフィフスアベニューの社長らの顔もありました。客席の顔ぶれはまるでパリコレ並み、そこで学生たちがコレクションを発表するのです。

日本と違ってモデルは学生自身ではありません。ちゃんとしたランウェイ経験のあるプロのモデル、だから日本とは見映えが全然違います。このショーを見ながら、後で目に留まった学生を自社にスカウトするケースも少なくありません。学生、講師、業界リーダー、誰もが〝産学協働〟を体感する大イベント、残念ながら日本に同じものはありません。

先日のプレミアム・テキスタイル・ジャパン（ＰＴＪ）とジャパパ

プロジェクト・ランウェイ
パーソンズ校のファッションデザイン学部長だったティム・ガム氏が指南役として登場する新人ファッションコンテストTV番組。ガム学部長は後にパーソンズを退職してTVタレントになった。

ン・クリエーション（ＪＣ）の期間中、東京国際フォーラムでピッグスキンのショーがありました。ファッション専門学校の学生たちがレザーに挑戦したファッションショー、レザー業界と専門学校とのコラボ、いいですよね。見事なものも数点ありました。

ただ一つだけ残念だったのは、「プロのモデルに着せたい」ということでした。プロのモデルが彼らの作品を着てランウェイを歩いたら、見映えは全然違っていたはず。主催者の予算に限度があり、素人の学生がモデルとして登場するのは仕方ないと理解はしていますが、東京都あるいは経済産業省関係の何か補助金があればと思いました。

たくさんの業界関係者が集まる素材見本市で学生たちに作品発表のチャンスがあるというのは素晴らしいことです、学生にも指導する先生たちにも励みになります。材料提供や技術指導で協力する業界団体のサポート、これも素晴らしい。が、東京国際フォーラムのオープンスペースで公開するのであれば、せめてモデル代くらい補助金あるいは業界からの寄付でカバーしたい。パーソンズのように

JC、PTJで開催された学生によるピッグスキンのショー

はいきませんが、日本で産学協働についてもっと議論が深まればと思います。

いつの日か中国が超える

December 11th,2018

今春、前職で大変お世話になったコンサル会社の幹部に頼まれ、初めて訪日中国人ビジネスマンに向けて3時間ほどセミナーをしました。集まったのは中国の小売業、アパレルメーカーの経営者たちで、人数はかなり多かったです。このときの参加者の口コミでしょうか、その後いろんな組織から講演を依頼されるようになり、毎月、訪日中国人経営者やバイヤーたちにセミナーをしています。昨日は今年最後の訪日団セミナーでした。

毎回感じることですが、中国のファッション流通関係者は日本から学ぼうと意欲的です。昨日も2時間の予定が受講者の質問が途切れず、およそ3時間、熱心にメモをとる姿、講演を聴くときの目は真剣そのものでした。これまで内外でたくさんセミナーや講義をしてきましたが、訪日中国人グループが一番熱心かもしれません。

かつて量販店やコンビニ業界の黎明期、当時はまだ若かった日本の経営者たちは米国流通事情に明るい大学教授に引率されて米国の大型ショッピングセンターや量販チェーンを視察し、現地でリーディングカンパニーの幹部からレクチャーを受け、学んだことを帰国後すぐに実行して会社を拡大していきました。おそらく当時の米国研修団の日本人経営者たちも現地セミナーでたっぷりメモをとり、写真を撮りまくり、疑問点はしつこく質問して、米国の講演者に「日本人は真面目だ」と感じさせたのでしょう。

私の場合も毎回の時間延長、レクチャーの後は受講者全員との集合写真、そしてなぜか決まって個々とのツーショット撮影、きっとこの人たちが頑張って中国ファッション流通業はいつか日本を追い越すのだろうと思います。

中国人研修の後は必ず記念撮影

主な質疑応答の内容は次のようなものでした。

質問1　あなた自身が心がけてきたことは何でしょうか？

経営者として自ら重要と考えてやってきたことは、自分のデスクや部屋にいないで、売り場を歩いてビジネスヒントを探すこと。売り場は情報の宝庫であり、時代変化の予兆が現れる場所、どんなに高いポジションになろうとも売り場を歩いて実践マーケティングをすることが重要です。気になる商品は手に取って調べる、買い物をしているお客様の動きを観察する、新しいブランドやストアが近未来にどうなっているかを予測する、販売スタッフに優秀な人材はいないかチェックする、売り場から次にどんな変化が起きそうなのか読み取る。とにかく人よりも売り場を歩く時間をとってきました。

質問2　経営者としてどんなことに重点を置いてきましたか？

販売スタッフをどう育てるかでしたね。ファッション流通業界は、本社スタッフと販売スタッフの処遇も人事体系も別々、という会社がほとんどです。これ、おかしいと思います。

優秀な販売スタッフを育てるには、待遇面の改善とやる気を起こす仕組みの両方が必要です。日々お客様と接している販売スタッフはお客様の好み、売れ筋動向を本社スタッフ以上によく知っています。であれば発注権を店長に渡し、マーチャンダイジングを教え、自分の発注に責任を持たせたら、プロとしての自覚が生まれます。

店長本来の業務はマネージで、自らが売ることではありません。店長が突出して売ることを求める会社は多いでしょうが、私はチームワークの良い売り場を作れる〝売らない店長〟を優遇します。

質問3　これから卸売業やＯＥＭはどうなるのでしょうか？

ネット社会ゆえに時差も国境もありませんが、そんな時代の流通業においてＢ to Ｂ型ビジネスに将来はないと考えています。Ｂ to Ｃ型ビジネスに移行せざるを得ないでしょう。しかも、商品を供給するＢと消費するＣとの間の距離はもっと接近する方向にありますから、ＢとＣの中間にある会社は徐々に消滅するしかありません。食の安全・安心に関心が高くなっている消費者に対して、有機栽培農業の従事者やその仲間が自らカフェやレストランで消費者と直接結びつく。こういうビジネスモデルがベストだと思います。

みなさんの中には現在、OEM生産で世界のファッション企業の仕事を請け負っている方がいらっしゃるでしょうが、ものづくり機能を持っていることは有利です。有機栽培農業の事業者と同じで、自らものを作れるというのは卸売りしかできない会社に比べたら可能性はあるでしょう。ただし、自分たちがブランドを作るとなると、クリエイションをどうするか、マーチャンダイジングをどうするかが問題。単にものを作る技術があるというだけではアドバンテージになりません。

ニューヨークコレクションで近年活躍しているデザイナーの名前を挙げてみましょう。（アレキサンダー）ワンさん、（フィリップ）リムさん、（デレク）ラムさん、（ジェイソン）ウーさん、（アナ）スイさん、みんな中国系です。英国のセントマーチンズ、米国のパーソンズのクラスには大勢の中国系学生が学

近未来には中国の縫製工場がブランドを出す時代が来る

んでいます。私がよく講義したパーソンズは、20年も前からクラスの半分以上が中国系。海外の学校は多くの中国系デザイナー予備軍を輩出しているのです。彼らと中国企業がどう結びつくか、これも今後大事なことです。

ＯＥＭの工場はいずれ自分たちのファッションブランドを生み出し、世界の下請けから脱出するところも出てくるでしょうが、ブランドを作るにはクリエイションとマーチャンダイジングのスキルも不可欠です。海外に目を向ければ、それを担える中国系人材はたくさんいます。

参加者にどう響いたのかはわかりませんが、こんなセミナーを訪日団にずっと続けていたら、いつの日か中国ファッションビジネスは日本を超えるだろうなあ。

人気中国系デザイナー、
アレキサンダー・ワン

未来を育てる教育

感度と情熱と手間ひまと

January 31st,2019

昨日、あるファッション専門学校のカリキュラム検討会議に参加しました。ネットとスマホで時代が大きく変わり、ファッション業界はこれまでのやり方では厳しくなってきました。業界に人材を多数輩出してきた教育機関も時代変化に対応したカリキュラムに変更しようと、外部からビジネス学科改革案の意見を聴取する会議でした。

米国のパーソンズでは、時代変化に教育がマッチしなければならないので、各デザイン領域の有識者を集めた、カリキュラム編成や教育方針を議論する諮問機関があります。業界側は教育に口を出しますが、インターンの受け入れや教材の提供など協力できることも積極的に提案し、奨学金に回る資金援助もします。業界が口も金も出す産学協働です。

かつて学生に手作りの重要性を教えてきたパーソンズは、デザインツールとしてのパソコンの導入を意図的に長らく排除してきましたが、業界有識者の意見を入れパソコンを一気に導入しました。その資金は、パーソンズ出身のスターデザイナーであるダナ・キャランの会社を株式上場して利益を得たタキヒヨーの滝富夫さんと、滝さんと関係が深い韓国財閥サムスングループのリー会長の寄付でした。リー会長の次女で同グループのファッション事業責任者はパーソンズ卒業生でもあります。

現時点で日本はパーソンズのような口も金も出す産学協働とはいきませんが、昨日の会議のように、学校側が考えた新しいカリキュラムに関して業界関係者から意見をヒアリングするというのは素晴

時代変化に対応したデザイン教育を貫くパーソンズ・デザイン大学

らしいことだと思います。専門性の高い実践教育の実現には、時代変化に対応し、常にカリキュラムに修正を加えていくべきでしょう。

私は、ＩＴの先端技術やスキルは企業に入ってからでも習得できるので、むしろ商品の良し悪しがわかる〝モノ知り人材〟を育ててほしいと申し上げました。バブルが崩壊してファッション業界全体が価格志向になって以降、日本では企画やＭＤたちが良い素材に接する機会が極端に少なくなり、トレンドには明るくても商品の良し悪しがわからない人が増えました。ブランド名やデザイナーの名前はよく知っていますが、ブランドの良さ、どこが他社と違うのかを肌感覚で知っている人は決して多くありません。

例えば、クリスチャンルブタンと他のブランドシューズの縫い方の違い、なぜ原価が高いのか。エルメスやロエベと他のブランドバッグのレザーのクオリティーとレザーの使い方の違い。シャネルスーツにあって他のブランド服にはない特別な付属とその理由。このようなことを知識として学習するのではなく、売り場で商品を手

クリスチャンルブタン
ファッションデザイナーのクリスチャン・ルブタンが1992年に設立した婦人靴ブランド。マニキュアを塗ったような深紅の靴底「レッドソール」が代名詞。セレブや著名人に愛用されているブランド。

に取り五感を使って調べ、学校で議論してほしいのです。商品の特性や背景を知らないと、いくらリーズナブルな価格ゾーンのビジネス向けであってもお客様を魅了する商品は供給できません。ファッションビジネスの基本はまず商品に対する感度と情熱であり、決してスキル、ノウハウではないと私は思います。

もう一点、手間ひまかけて調べることの重要性も指導してほしい。ネット社会の到来で、私たちは辞書や百科事典を開けることがほとんどなくなりました。安直にネットで必要な情報はほとんどが入手可能、その分、深掘りしない仕事の仕方が急増しています。

新聞社でも取材して歩かない記者が増え、コピペ記事で問題になるケースも増えました。ファッションの世界で言うなら、ものづくり産地に足を運んで職人さんとやりとりをするデザイナーやＭＤが少なくなりました。五感を使って調べる、吟味する――氾濫する情報を鵜呑(うの)みにしない人材を、教育機関にはぜひ育ててほしいと思います。

先生が正解を言わない教育も重要でしょう。お客様の情緒に訴えるソフトコンテンツの世界では、答えはたった一つということはありません。ファッションはいろんな答えがあってよい産業の一つだと思います。それにはまず調べる、そしてみんなで議論する、答えそのものよりもプロセスが重要です。最近はすぐに答えを求める若者が多いようですが、いろんな角度から客観的に物事を捉えて答えを出す訓練も大切でしょう。

各都市のコレクションが終了すると〝トレンド情報〟のセミナーがたくさん開催されます。ここで得る情報を業界のみんなが取り入れたら、同じような商品が並んで市場はつまらなくなります。トレンドは情報として把握はするものの、それを意図的に外して独自の商品を立案する企画者やMDがもっと現れるといいのですが、安易にトレンドや売れ筋情報に乗っかる会社が多いのです。近年、服が売れないのは、ここに大きな原因があります。

別の学校からは、4月開講の新しいカリキュラムで1年間講義をしてほしいと頼まれました。いつものマーチャンダイジングではない領域、1年間どういう事例を引用しながら何を教えるのか、学生さんのどういう能力を引き出してあげられるのか、私なりに授業の詳細を練り始めました。ファッション以外の事例も盛り込み、視野を広げて時代を読む力を磨くことができればと思っています。そしてクラスの学生全員、担任の先生と私が共有するSNSアカウントを開設し、レジュメ、事例紹介、宿題、質問もSNSでお互いに確認できる仕組みにします。

一世を風靡(ふうび)したブリッジラインはもう消滅。過去四半世紀にわたり市場をリードしてきた製造小売業は急速に力を失っています。ファストファッションはコスト抑制のため低賃金で過酷な労働を強いているとメディアに突っ込まれ、売れ残り商品の大量廃棄問題も指摘され、方向転換の時期に来ています。リアル店舗はオンラインに食われて売り上げが低下。従来の考え方ではもうやっていけない時代になり、教育機関も時代の変化に対応したカリキュラム編成や新たな指導方法を考える時期でしょう。

ファッションビジネスに関心を持ってくれる若者を増やすためにも、産学が力を合わせて業界の革新に取り組まねばなりません。

倒産申請したフォーエバー21。ファストファッションの陰りを象徴している

魅力ない業界に若者は来ない

February 26th,2019

今月初め、目白ファッション&アートスクールのショーに出席しました。今日は文化服装学院の先生に誘われ、ファッション流通科2年生の卒業ショーにお邪魔しました。ステージに登場するコレクションはもちろんのこと、メイクアップ、照明、音響、映像、舞台美術の制作も全てファッション流通専門課程の学生さんたち、プロではないのに結構見応えがありました。

ちょうどお隣が相原幸子学院長だったので、開演までの間、ファッション業界の現状や課題などを意見交換しました。学院長のお話で一番びっくりしたのは、ファッション流通専門課程の来年度の入学予定者が大幅に増えたことです。特に日本人の応募が多く、近年増えている留学生はほぼ横ばいとか。少子化が進み、ファッションへの憧れが減退している中、これはちょっとした異変、業界にとっても喜ばしいことです。

一方、専門学校でファッションデザインを学んでも、平凡なデザインばかり要求されるのでアパレル企業には就職したくないという学生が増えています。アパレル業界の業績は一向に回復しないので企業側は即戦力の中途採用を重視し、新卒専門職採用を見送る会社が増えました。結局、卒業してもファッションデザインは〝趣味〟として続け、就職は全く違うジャンルという若者が増えています。

以前、ファッション流通業界の幹部が集まるパーティーであいさつに立ったアパレル業界のリーダーは、「ファッション業界に魅力がないと専門学校の学生は業界に入って来ません。それが業界衰退の原因にもなる」と発言していました。その通り、ファッション専門学校の卒業生がファッションビジネスに飛び込まないなんて状況は、かなり深刻です。

が、そんな中でどうして来年度の文化服装学院ファッション流通専門課程への応募が増えたのでしょう。理由がわかりません。ある先生にうかがったら、「ファッションそのものには興味もあり関

目白ファッション＆アートスクールのショー

わってみたいと思っている高校生が多いのではないでしょうか。広報関係やスタイリスト、ショップのバイヤーには関心がある若者がいるのでは」と。先生の分析が正しいのであれば、まだファッション業界は救われます。

デザイナーやパタンナーなどの専門職を多数輩出してきたファッション専門学校ですが、セレクトショップやアパレルブランドの販売スタッフも大勢輩出してきました。しかし、定着率が極めて悪いのが現実です。就職したけれど夢、希望を感じられずに早く辞めていく人があとを絶ちません。ここを何とか改善しないことには、業界はファッション知識のある若者から見捨てられてしまいます。

クールジャパン関連の仕事に5年間携わってわかったことですが、最近のファッション業界には面白い発想をする人材が少なく、飲食業界には結構多いということです。昔は、授業には真面目に出席せず学外で遊んでばかりいたような〝やんちゃ坊主〟タイプが、アパレルや流通業界にたくさんいました。こういうタイプの人材は近年、飲食業など他のジャンルに流れているように感じます。

20世紀後半、ファッションビジネスは成長産業だったのでしょう。だから発想の面白いやんちゃ坊主タイプがたくさん集まりました。でも、業界全体が成長期から安定期に入ると、学生時代の成績は優秀でも上司の顔色をうかがう〝忖度(そんたく)サラリーマン〟が増え、上層部も敵対的な意見を絶対に言わない〝ヒラメ型人材〟を重宝するようになりました。結果的に、組織に活力がなくなっていったのでしょう。お客様の情緒、感性に訴えるクリエイティブ産業の一つでありながら、コンサバティブな社風の会社が増えてしまったら、面白い仕事をやりたい発想豊かな若者は入ってきません。

前職での経験から、飲食の世界はいまだ成長産業のように感じます。次から次へと面白い業態が生まれ、新しいサービスが誕生し、一般生活者の胃袋と情緒、感性を存分に満たしています。面白いクリエイティブな発想が生活者をワクワクさせ、ときには〝背伸び消費〟を喚起します。飲食業界の方々とのやりとりは夢があって楽しいミーティングが多く、「こういう人たちがファッション業界にいてくれたらなあ」と何度も感じたものです。

4月からクラス数が増える文化服装学院ファッション流通専門課程、学生さんが卒業するときに魅力ある産業と感じ、ファッション業界にたくさんエントリーしてくれることを期待したいです。

久々の大学講義

April 17th,2019

前職の投資ファンド時代に経済セミナーの講師にと声をかけてくださった学習院大学の内野崇教授に頼まれ、久々に一般大学で講義をしました。これまでいろんな大学で特別講義をしてきましたが、学習院大学は初登壇。世界のファッションビジネスが今どのような状況にあるのか、生活価値観の変化、消費行動の変化を具体的な事例を挙げて説明し、最後にファッション業界が地球環境問題にどう取り組もうとしているのかをお話ししました。

100人以上の受講生に、ユニクロのものづくりがファストファッション各社とどう違うのかを説明し、「これまでユニクロを買ったことがない人?」と挙手を求めたら、男子学生がたった1人、これは想定内でした。しかし「靴のクリスチャンルブタンを知っている人?」と訊いたら、こちらも女子学生がたった1人、ちょっと意外でした。学生が高価なルブタンを履くことはないでしょうが、名前くらいは知っているかと思っていました。

質疑応答の時間になって最後に内野教授から「これから就活に入る3年生にアドバイスを」と言われたので、会社選びに関する個人的な意見を述べました。簡単に言えば、会社選びは現時点の企業規模の大きさではなく将来性でしょう、と。

子供の頃、同窓生のお母さんがうちに来るたび、オフクロにこぼしていたことがあります。同級生のお兄ちゃんは名門国立大学を卒業、大学生の人気企業ランキングで上位(当時)の名門紡績会社に就職し、他にも新興企業S社からも内定をもらっていたそうです。紡績会社に就職して数年が経過すると、S社がアッという間に世間の誰もが知る有名企業に成長しました。一方、就職した紡績会社は業績が悪化し、影が薄くなりました。友達のお母さんは「こんなことになるならS社に就職しておけばよかった」とこぼしていました。

昭和30年代は紡績会社、鉄鋼会社など大手製造企業が花形でした。その後の高度経済成長期に家電の普及で電機メーカー、国際化の到来で大手商社、安定という点で金融機関などが学生の人気ランキングの上位になりました。でも、巨大メーカーも大手総合商社も都市銀行（私が大学を卒業する頃は10行もありました）も合併あるいは買収が増え、電機メーカーは会社ごと、あるいは部門ごと近隣諸国に身売りです。

優良企業のように映った大企業でも、就職後に時間が経過すると同業他社との合併で冷や飯を食わされるケース、身売りで肩身の狭い思いをするケースがたくさんあります。金融機関であれ一般の大企業であれM&Aの後に人員整理が断行され、安定の道を選んで入った会社のはずが安定ではなかったというエリート社員が非常に

高度経済成長期
1960年の池田隼人内閣の成立から73年のオイルショックまでの経済成長期。この間、日本は年平均10%超の急成長を遂げた。

多い世の中でもあります。

我々の身近な流通業界でも、対等合併したはずなのに片方の会社の従業員はどんどん昇進するのに対し、もう一方の会社の従業員は平等には扱われない、もしくはそれに嫌気がさして早期退職してしまうケースがかなり多くあります。新卒入社した頃には思い描けなかったでしょうが、大企業であっても長期的安定なんか望めないのが現実なのです。

日本の自動車メーカーも、この先はどうなるかわかりません。先進国で人口のわりに自動車メーカーがこんなに多い国は他にありません。しかも世の中はこれまでのエンジン車からハイブリッド車、電気自動車に移行しつつあります。ガソリンのエンジンではなく電気モーターで走る自動車となると他産業から参入する企業も増え、自動車メーカー各社がこのままの状態で生き延びることができるかどうかわかりません。

こういう事例を挙げ、学生さんには現時点の企業規模で会社を選ぶのは疑問と言いました。

ショッピングモールには近年、電気自動車テスラの販売店が急増

もう一点、会社選びで付け加えたことは、海外との取り組み姿勢です。日本はこれから人口が減少に向かい、インバウンドでカバーできるとしても限定的で、国内消費がシュリンクするのは明白です。広大な海外市場に布石を打っている会社はいいでしょうが、国内市場への依存度が高い会社に明日はあるのでしょうか。これからの日本は海外市場を避けて通れない状況にあることも頭に入れて会社を選んだほうがいい、と付け加えました。

海外でビジネスはしている、しかし海外事業は赤字という日本企業は大手・中堅を問わず少なくありませんが、ここまで言うと学生さんはきっと混乱するでしょうから、これ以上は詳しく話しませんでした。あとは自分で調べてください。

特別講義の前、就活を支援する部署の責任者の方と控え室で別の話をしました。「どうして今の若者は海外に行きたがらないのでしょうか」。海外駐在員、特派員を社内公募すると手を挙げる男性社員は少なく、女性が手を挙げる傾向にあります。メディアでも近年、海外の事件現場から中継レポートする記者は女性が増

サンリオは海外で活躍する日本企業の一つ。左は英ハロッズ、右は仏ボンマルシェにて

えました。おそらく男性の応募が少ないのでしょう。海外留学希望の学生も減少傾向と聞きますが、どうして日本の若者は内向きになってしまったのか。就活支援の責任者は「教育なのでしょうかね」とおっしゃっていましたが、本当の要因はどこにあるのでしょう。

先進国で新卒採用にこれほど熱心な国はありません。終身雇用、年功序列の時代が長く、日本で就職は〝就社〟そのものだったからでしょうが、企業側はそろそろ新卒採用重視から通年採用と能力主義に本腰を入れてはと思います。就活する学生さんも新卒採用に賭けるより、いろんな経験を内外で積んで自分の実力を蓄え、個人の能力をきちんと評価してくれる場所を考えてはどうでしょう。

会社の名刺がないと仕事ができない会社人間、上司のご機嫌ばかりうかがう忖度ヒラメ族、群れを成して自ら行動を起こさず自分の意見も言わないアジ族、日本にはこんな会社員があまりに多過ぎます。これからのグローバル社会で果たしてこういうタイプは生き残っていけるかどうか。

単に特別講義に来たおじさんがしゃべったこと、どこまで学生さんに響いたかわかりません。こういう機会があればまた講義したいです。

人材育成はライフワーク

April 19th,2019

学生時代にファッションビジネスの世界を目指したときから、なかなか普通にはお会いできない業界の大先輩の方々に引き立てられてきました。大学3年生でマーケティングの原稿をメディアに書くチャンスを与えられ、先輩たちからものの見方を教えていただきました。8年間のニューヨーク生活から帰国して以降は、今度は自分が若者を教える番だと人材育成をライフワークにしてきました。

帰国の翌年（1986年）に私塾「月曜会」をスタート。社会人、大学生、デザイナーの卵などやる気のある若者たちを集め、売り場でどう時代を感じるか、そのためにどのように売り場の状況を調べるかを教え、外部の編集者、経営者、デザイナーを招いて特別レクチャーをお願いしました。その後、そして現在も第一線で活躍しているデザイナーやビジネスマンが、月曜会には何人もいます。

4年後、このボランティア勉強会を墨田区内でやってもらえないかと墨田区役所に頼まれ、両国の区役所跡地にファッションビジネスの人材育成機関を設立する準備会議が始まりました。数人の専門委員とともに育てるべき人材像やカリキュラム案を議論し、92年に産官協働のIFIビジネス・スクールが誕生しました。

IFIビジネス・スクールの構想が現実味を帯びてきた頃、ファッション専門学校側から異論の声が上がりました。「産業界がどうして新たな教育機関を作るのか」「これまで産業界に多数の人材を輩出してきた専門学校に人材育成は任せてくれ」「産業界はもっと専門学校に物心両面で協力してほしい」……中には「学生募集で専門学校とバッティングするのでは」という反対意見もありました。

我々が作ろうとしている人材育成機関は専門学校と敵対するものではありません。専門学校や一般大学を卒業した若者、あるいは業界で既に仕事を始めている社会人を対象としており、高校新卒者を集めるつもりはありません。

専門学校側に誤解があったので、敵対するつもりは毛頭ないことを証明するため、私は文化服装学院のファッション流通専攻科の3年生とマーチャンダイジング科の3年生を年間通して指導することにしました。それぞれの学科に相応しいカリキュラムを自ら作り、二つのクラスで毎週、指導したのです。本業の仕事とＩＦＩビジネス・スクールの設立準備もあってかなりの負担でした。しかし、専門学校と敵対するつもりがないことを態度で証明するしか、誤解を解く方法はありませんでした。

同学院ファッション流通専攻科から私の職場に採用した若者は少なくありません。自分が直接指導した感度の良い若者はたくさん引っ張りました。他に就職先が内定していた学生に「うちに来ないか」と誘って会社に入れ、学校側から「強引過ぎます」と叱られたこともありましたが、専門学校は専門学校なりに優秀な人材を育てている、だから自分の職場で多数採用したのです。

こうして文化服装学院で毎週指導した学生は多くいます。ＩＦＩビジネス・スクールの夜間プログラムや全日制クラスで指導した若者も多数。他にも、プレス担当を育成するミエ・エファップ・ジャポンや目白デザイン専門学校（現在の目白ファッション&アートカレッジ）、東京モード学園でも、単発の特別講義ではなく1年間あるいは半期、毎週教壇に立ったことがあります。

さらに、勤務した企業では「ＭＤゼミ」もしくは「ＭＤスクール」、「バイヤーゼミ」などでマーチャンダイジングの基本や発注の仕方を長期間にわたり毎週指導しましたから、私の教え子と呼べる人はファッション流通業界内に数千人はいます。

一般大学や関係企業から頼まれる特別講義や単発セミナーについては、私は人材育成とは考えていません。人材育成とは、カリキュラムを作成し、順を追って教え、ときには大量の宿題を出し、ノウハウやスキルを伝授して、受講者が〝覚える〟のではなく、自ら〝考える〟ことを導くものと捉えています。なので、若者の指導を引き受けるのであれば、ある程度まとまったコマ数でじっくりと教えたいのです。

人材育成は仕事ではありません。大袈裟ですが、我がライフワークです。多くの若者を刺激し、有能な人材を一人でも多く育てることが、私を育ててくれた先輩たちへの恩返しです。身体が動かなくなるまで人材育成は続けたい。

理論だけでなく、売り場を
教材にVMDを教えてきた

Perspective

厳しく問われる価格と価値のバランス。専門職の育成と適材適所が不可欠に

加速するリモートワーク化

新型コロナ感染対策の外出自粛要請で働き方が大きく変わりました。

通勤路やオフィスの過密を避けるため、多くの企業が自宅でのリモートワークに切り替え、ミーティングや商談はオンライン、職場にはほとんど出ない日々を過ごしました。緊急事態宣言解除直後の調査では、リモートワークに賛成する声が多かったそうです。組織社会の日本、ちょっと意外な感じがします。

リモートワークでも業務にあまり支障がなかったとなれば、多くの企業は働き方改革を一気に進めるでしょう。毎朝同じ時間帯に出勤するのが仕事ではない、ソーシャルディスタンスを保てる職場で効率良く仕事ができればそれでいい。リモートワークとオフィス勤務の新しいバランスを制度化すれば、個々に決められたデスクを割り当てる必要がなくなり、大きな会議室は整理され、オフィスも大幅に縮小されます。

ただ、社歴の長いベテランはリモートワークで十分に対応できるでしょうが、問題は経験の浅い若手社員です。

ファッション流通業界はもともと「先輩の背中を見て覚えろ」式の育て方で、大半の企業は体系的な人材育成をやらずにここまできました。私が長年にわたり指導してきた松屋のように、マーチャンダイジングの基本を若手社員にしっかり教える企業がもう少し増えてもいいのではないかと思います。

新型コロナ禍、ウーバーイーツを見かけることが増えた

緊急事態宣言下、電車もガラガラに

若手をリモートワークに組み入れるのであれば、先輩たちが仕事の基本を教える、あるいは人材育成プログラムできちんと指導してからではないでしょうか。

いよいよ始まる〝余剰〟の淘汰

働き方改革では、これまでの慣習にとらわれず整理すべき部署や役職を思い切って見直し、今後もっと必要になる業務に人材をシフトすることも検討すべきでしょう。

かつて委託ビジネスが主流だった時代、百貨店を販路の中心に据えるアパレル企業の花形は何と言っても営業担当でした。一部のデザイナー系アパレルでは違うでしょうが、アパレル企業の役員のほとんどは営業畑出身です。営業担当は自分のオフィスに出勤する前に担当小売店の店頭に顔を出し、在庫状況を確認して自社物流センターに飛んで行き、自らの手で商品を補充したものです。こうして担当店の売り上げアップに貢献した営業マンは会社で高く評価され、役職が上がるのが普通でした。

ところが、百貨店とアパレル企業の取引形態は消化仕入れに移行し、毎日売り場に通う〝御用聞き〟のような営業は不要になり、百貨店の売り場や営業本部の周辺でアパレル企業の営業マンを見かけることはほとんどなくなりました。営業マンは売り場よりもオフィスのデスクでパソコンに向かう時間のほうが圧倒的に長くなり、以前よりもお客様の声が届きにくくなっています。

一方、消化ビジネスへの移行で、百貨店バイヤーは仕入れ業務をしなくなりました。店頭でお買い上げがあった時点で百貨店は仕入れたことになる。かつて先輩バイヤーたちが腕を振るった〝意図のある発注〟や〝戦略的な発注〟とは異なる仕事になりました。消化ビジネスでは、バイヤーの仕事はせいぜいプロモーションの打ち合わせと別注のお願いくらいで、展示会場で一点一点、真剣に商品をチェックするバイヤーは少なくなりました。自主編集や自主販売の売り場の百貨店バイヤーは今も発注が必須業務ですが、大半の百貨店バイヤーはバイイングには無縁です。

売り場に通う営業マン、仕入れをするバイヤーがいなくなったのに、今もアパレル企業には多くの営業担当、百貨店にはバイヤーの肩書きの社員がいます。販売スタッフと物流管理者がうまく連携すれば、店頭への商品補給はスムーズになり、販売スタッフと日々向き合う売り場マネージャーがいればショップにバイヤーは要りません。しかしファッション流通業界の長い習慣からか、アパレルの営業担当、百貨店のバイヤー職はいまだにたくさんいます。明らかに余剰人員です。

〝持ちつ持たれつ〟の崩壊

大手アパレルの地方支店や営業所は委託ビジネスの時代にはその機動力を活かして重要な役割を果たしましたが、アパレル側が販売員も派遣する消化ビジネスの時代にはもう必要がないのかもしれません。その状態は10年も前から顕在化していましたが、地方での雇用を守るためもあり、なかなか改革できませんでした。地方の営業拠点が存続すれば、かえって在庫が支店に貯まって本社の在庫一元管理がスムーズにいかない、支店の売り上げ狙いで不採算店の撤退が遅れる、余剰人員がなかなか減らせないなどマイナス要因ばかりです。

最近、全国各地の地方百貨店や大手グループの地方支店からのブランドの撤退が加速し、年間数百店舗を閉めると公表する大手アパレル企業も出ています。百貨店はブランドショップが抜けた穴を他社アパレルブランドで埋められず、フロアのマーチャンダイジングが崩壊しています。が、アパレル側には赤字でもショップを継続する余裕がなく、これまでサポートしてくれた地方営業も消えました。

これまでは持ちつ持たれつの共存共栄関係でしたが、地方百貨店がファッション商品を売り続ける道は今後ほとんどないでしょう。

タッチポイント拡充で試されるVMD

アパレル企業の本社営業部隊や地方営業所の営業マン、大手百貨店の商品本部ラインに所属するバイヤーや支店のバイヤーは、これからますます不要な職種となりますが、逆に今後もっと強化すべき部署や職種はあります。

コロナショックでオンライン利用など消費行動の変容を目の当たりにして、小売店やブランド企業はお客様とのタッチポイントをいかに拡充するかが今後の課題と認識しました。

タッチポイントの場面で強化すべきなのは、コミュニティー作りに長けたお客様に信頼されるコンシェルジュ型のスタッフです。従来の販売スタッフよりもマーケティング力、コミュニケーション能力、コミュニティーを動かすリーダーシップが求められます。不特定多数と接触するショップの運営を縮小し、ショールーム運営でコミュニティー作りを進める企業が増えると、こういう人材が不可欠です。

ブランド価値を高めるため、ショップやショールームのＶＭＤがこれまで以上に必要になり、魅力的な空間を演出できる人材が求められます。マーチャンダイジングの原理原則も知らず、ただマネキンに服を着せている、フィーリングで空間を演出しているようなスタッフではもう通用しません。

マーチャンダイジングのロジックとともに感性豊かでプロフェッショナルな人材は、お客様とのタッチポイントでは貴重な存在となるでしょう。

人数よりも人材の質が問われる時代へ

コロナショックを体験し、消費者のファッション商品に対する考え方は大きく変わっていきます。余計なもの、価値のないものは買わない、価格と商品価値のバランスにより厳しい目を向けるようになるでしょう。

これまでのように作り手が多品種、短サイクルで数多い品番を売り場に投入して売り上げをとるビジネスは時代に適合しなくなり、作り手のクリエイション、商品の背景にある物語がこれまで以上に重要になります。世間のトレンドを収集し分析して要領よく取り入れる仕事の仕方では、消費者のハートを射ることはできません。

これまで以上にクリエイションの人材の育成、あるいは組織に毒されていない外部のデザイナー、スタイリスト、エディターらの起用、価格と商品価値のバランスをうまくとれる目利きのＭＤやブランド責任者の育成は急務です。

縫製工場や生地メーカーにアドバイスできるくらいものづくりを熟知した専門職を育てる、あるいは外部から連れてくることも考えなければなりません。要は、商品開発の場面では関わる人数よりも人材の質が問われるのです。

感染リスクもあって、これからはリアル店舗よりもオンラインビジネスをさらに強化する企業が増え、競争は一層激化します。オンラインショッピングをやれば売り上げはどうにかなるという段階から、どう魅力的なＥＣサイトを作るかの段階に入り、デジタルクリエイションに長けた人材の登用・育成も欠かせません。いくら物語のある商品を開発しても、サイトそのものが利用しにくい、ビジュアルがカッコよくないと、たくさんのＥＣサイトを利用するお客様は満足してくれないでしょう。

ＥＣサイトは非常に重要なタッチポイント、これをプロデュースする人材はものづくりを担うデザイナーと同じくらいクリエイティブでなければなりません。

ブログでも再三書いてきましたが、企業はヒト・モノ・カネの順番です。リモートワークが増えようが、みんなで協議する機会が減ろうが、企業はまず人材を育て、適材適所に配属し、彼らの能力を引き出すことが肝要です。コロナ騒動で働き方改革が叫ばれている世の中だからこそ、企業は人材育成にもっと力を入れるべきではないか、と私は思います。

May 28th,2020

2007年、若手デザイナーのインキューベートを目的に企画した展示会「ヨーロッパで出会った新人たち」。ミキオサカベらがデビューした

あとがき

年初から新型コロナウイルス感染に翻弄され、ほとんどの企業でコロナ後の中長期事業計画を議論しているはずです。私の周囲でも「コロナ前の状態に戻ることはない」を前提に、抜本的改革策を協議しています。「オンラインしかない」「インバウンドは期待できない」「もっと原価を抑制しなければ収益は上がらない」「ファッションはもう売れない」といった声が業界内から聞こえてきますが、果たしてそうでしょうか。

消費者の間で安全、安心、健康への関心は一気に高まり、生活価値観は変わり、消費行動も変容しました。ファッションは人々の情緒に訴える不要不急商品であり、生活必需品ではありません。だから「もう売れない」と断定するのは早計ではないかと私は思います。

もちろん従来のやり方や考えのまま消費者のハートを掴むことは難しいでしょうが、商品そのもの、販売方法やサービス、タッチポイントに大胆なメスを入れ、それが消費者に魅力あるものと映れば買っていただけると信じています。

そのためにはビジネステクニックや数字の操作ではなく、他社にはない商品、サービスの独自性、希少性、明確な価値の提供が不可欠。本文でもたびたび触れましたが、今こそ企業やブランド固有の十八番（おはこ）の徹底追求が最重要であり、ファッションは生活に潤いや夢を与えるものという原点に立ち戻ってものづくりや売り方を見直すべきでしょう。

コロナ後の業務改革のヒントを自分なりに流通業界に提案しようと、この2年間のブログ「売り場に学ぼう」を整理加筆しました。できれば私も原点に戻って、大学卒業後最初にチャンスを与えてくれた会社から出版したいと、繊研新聞社に原稿を持ち込みました。多数の散発ブログを1冊にまとめてくださった出版部の皆様、とりわけ休日まで私とやりとりしてくださった出版部編集の宮下政宏さんにはこの場をお借りして厚く御礼を申し上げます。

2020年8月　太田伸之

太田 伸之 Nobuyuki Ota

1977年、明治大学経営学部を卒業してニューヨークに渡り、繊研新聞特約通信員などファッションジャーナリストとして活動。85年、東京ファッションデザイナー協議会設立のために帰国。95年、同協議会議長を退任し、(株)松屋営業本部顧問、(株)東京生活研究所専務取締役所長に就任。2000年、(株)イッセイミヤケ代表取締役社長。11年、(株)松屋に復帰し、常務執行役員、MD戦略室長。13年、(株)海外需要開拓支援機構(クールジャパン機構)代表取締役社長。18年に退職し、(株)MD03を設立。日本ファッションウイーク推進機構理事(06年〜)。

売り場は明日をささやく

大変革期を生き抜く
ファッションMDの実学

2020年8月28日 初版 第1刷発行

著　者　太田伸之(おおたのぶゆき)
発行者　佐々木幸二
発行所　繊研新聞社
〒103-0015
東京都中央区日本橋箱崎町31-4 箱崎314ビル
TEL.03 (3661) 3681
FAX.03 (3666) 4236
制　作　櫻井彩衣子
印刷・製本　(株)シナノパブリッシングプレス

乱丁・落丁本はお取り替えいたします。

ISBN978-4-88124-338-1 C3063